KB091448

똑똑한
자기주도
학습법

똑똑한
자기주도
학습법

이영균, 김현미 지음

우리 아이, 앞으로 어떻게 해야 할까요?

부모님께서는 아이들이 행복하기를 바라시지요? 행복한 인생을 살기 바라며, 정말 열심히 보필해 주시고 계실 겁니다. 하지만 최근 들어서는 부모님들께서 아이들 보필하는 것이 어렵고 힘들다고만 말씀하십니다. 그저 밥 잘 먹이고, 준비물 잘 챙겨갈 수 있도록 챙겨주는 것이 전부인 줄만 알았는데, 실제로 학부모가 되어보니 그것이 아니었지요. 현대 사회가 급변하면서 우리 부모님들은 걱정이 태산처럼 쌓여갑니다. 4차 산업혁명 시대에 맞는 교육을 하라, 스마트 교육 시대에 아이들의 다양한 역량을 길러주어라, 말은 참 많이 들려오는데 말이지요. 도무지 어떻게 해야 할지, 무엇이 중요한지 알 수가 없습니다! 그래서일까요? 입시를 주제로 한 유명한 드라마에서 나온 등장인물이 부럽기까지 하답니다. "전적으로 저를 믿으셔야 합니다!" 그렇게 말해 주는 교육 길잡이가 있다면 좀 좋을까요.

2020년도에 코로나19가 발생한 이후, 그리고 미래형 2022 교육과정이 발표되며 온라인 콘텐츠를 활용한 수업이나 하이플렉스 수업, 메타버스 등의 각종 미래형 학습 방법의 중요성이 대두되고 있지요. 앞으로의 학교는 변화무쌍하게 바뀌어나갈 것이고, 학생들에게 자율성을 더욱 강조할 것입니다. 공부하는 방향도, 공부할 내용도, 공부 속도도 학생들이 정할 수 있도록 권장하는 것이 세계적인 트렌드이지요. 결국에는 선택과 책임의 가치를 아는 아이들이 험난한 교육 세계에서 살아

남을 수 있을 것만 같습니다. 이러한 상황 속에, 아이들은 공부 선택권이 주어진다는 사실만으로 엄청 기뻐할 겁니다. 그리고 분명 행복해하는 아이들의 모습을 보면서 우리 부모님은 더욱 고민에 빠질 겁니다.

"우리 아이, 앞으로 어떻게 해야 할까요?!"

4차 산업혁명 시대와 불확실성의 사회라고 칭하는 지금, OECD 2030 미래교육에서는 '학생주도성'을 강조하고 있습니다. 그리고 정부가 새롭게 발표한 미래형 교육과정에서도 **'자기주도성'**과 관련된 요소를 강조하고 있습니다. 이전에는 인터넷과 미디어가 활성화되면서 정보의 홍수 속에서 적합한 내용을 뽑아내는 정보 처리 역량이 중요시되었다면, 이제는 다양성과 불확실성 속에서 본인 스스로 가치를 재생산하고 목표를 위해 다가가는 자기주도적 역량이 중요해졌지요. 조금 더 구체적으로 교육의 흐름을 이야기해 보자면, 학교에서는 '개별화 교육과정'을 강조하고 있습니다. 학생 한 명 한 명이 스스로 주도자가 되어 자신만의 교육과정을 만들어 나가는 것을 목표로 하지요. 이것이 고등으로 나아가면 고교학점제로 이어지는데, 학생이 원하는 강좌를 신청하여 수강하게 하는 제도로 결국 자기주도성이 높은 학생들이 교육 효과를 높이고, 교육 만족도도 높일 수 있게 됩니다. 이렇게 학생 개개인에게 맞는 개별화된 교육을 강조하고 있기에, 앞으로는 어린 시기부터 단순 공부보다 자기주도성 공부가 필요한 것입니다.

자기주도성에 대해 이런저런 이야기는 짧게는 몇 년, 길게는 십 년 이전부터 시작되었습니다. 그래서 자녀 교육에 관심이 있으신 분들은 아이들이 자기주도적으로 사고하고 생활할 수 있도록 지도하고 싶어 하실 겁니다. 다만 그 방법이 막연할 뿐이었지요. 또한 여러 부모님들은 교육 방법에 대해 궁금한 점이 있거나 고민이 생길 때 털어놓을 해우소가 없어 고민이라는 말씀도 많이 하셨습니다.

이러한 여러 부모님들의 고민을 덜어드리고자 현직 교사가 이 책을 쓰게 되었습니다. 교육에 대해 너무 궁금했지만 담임 선생님께 묻지 못했던 것들, 자기주도적인 학습과 생활 방법에 대한 이야기, 온라인 수업으로 인한 걱정, 아이의 인성과 진로, 미래 역량을 어떻게 길러줄 수 있을지에 대한 방법까지! 현장의 이야기가 반영된 생생한 정보를 말씀드리고자 합니다. 우리 아이들의 행복한 미래를 꿈꾸시는 부모님들이라면 이 책을 반드시 꼼꼼히 읽어주시길 바랍니다.

마음이 변하면 생각이 바뀌고
생각이 변하면 행동이 바뀌고
행동이 변하면 습관이 바뀌고
습관이 바뀌면 인생이 바뀐다.
자기주도적인 삶을 살고자 마음을 바꾸면 인생이 바뀔 것입니다.

현직 초등 교사 이영균, 김현미 올림

안전한
영양균
선생님

학생 친구들과 부모님들을 위해 **365일**
상담 창구를 열어두었습니다.
유튜브 채널과 SNS를 통해 궁금하거나 걱정되는 것이 있다면
언제든 찾아주세요~!

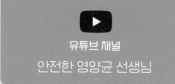

유튜브 채널
안전한 영양균 선생님

인스타그램
yygteacher

안전한 영양균 선생님

차 례   **똑똑한 자기주도 학습법**

※ 쪽수 옆에 있는 '☐'은 에필로그를 참고하여 활용하세요.

※ 쪽수 옆에 있는 '☐'은 에필로그를 참고하여 활용하세요.

Part 1

자기주도는
초등부터!

초등학생에게
진짜 필요한 것은 무엇일까요?

초등학생이 되고 등교하기 시작하면 아이들은 색다른 모습을 보여줍니다. 우리 어른들이 보기에는 유치원생과 초등학교 1~2학년생들은 다 비슷비슷해 보이지만, 실제로 초등학교에 입학하고 나이가 한 살씩 먹어가면서 아이들은 몰라보게 달라지지요. 1학년과 2학년도 어쩜 그리 다른지 신기할 따름입니다. 예전에 새해가 밝고 등교 첫날, 어떤 구 2학년 신 3학년 학생과 이야기를 나누었던 적이 있습니다.

"OO아~ 새해가 밝았는데 기분 어때요? 좋아요?!"
"네! 저도 이제 나이가 두 자릿수예요~! 이제 어린이가 아니라고요!"

저는 당시 웃음이 터져 나왔고, 그 학생이 10대라며 뿌듯해하는 모습이 대견하기도 했습니다. 인사도 조금 더 정중해지고, 말투도 더 의젓해지며 학업에 열중하는 모습을 보여주기까지! "선생님~ 이제 3학년부터는 공부도 열심히 해야 한대요! 저도 이제 달라질 거예요!"라고 또랑또랑 말하는 목소리가 귀여웠답니다. '너희가 달라지면 얼마나 달라질 건데?!'라고 묻고 싶기도 했지요. 그 학생은 초등학생 중학년이 되었기 때문에 조금 더 성숙한 모습을 보여주려고 노력했던 것 같습니다.

실제로 초등학교 저학년과 중학년, 그리고 고학년은 그 특성이 너무나도 다르답니다. 이름만 들어도 머리 아픈 여러 학자들의 교육학 내용을 굳이 듣지 않더라도 우리 부모님들은 자녀가 하루하루 달라지는 모습을 몸소 느끼고 계실 것이고요. 그래서일까요? 부모님들이 생각하시길, '저학년 때는 이러했는데 중학년 때는 어떻게 도와줘야 하지? 중학년 때는 이러했는데 고학년 때는 무엇을 가르쳐야 하지?' 등등 고민이 하나둘씩 떠오르기 시작합니다. 초등학생 아이들을 가르칠 때 무엇에 집중해야 할까요? 초등학생 아이들에게 무엇보다도 중요하고 진정 필요한 것은 무엇일까요?

초등학교 교육 목표

초등학교 교육은 학생의 **일상생활과 학습**에 필요한 **기본 습관 및 기초 능력**을 기르고 **바른 인성**을 함양하는 데에 중점을 둔다.

제가 국가에서 발표한 초등학교 교육과정의 가장 첫 페이지에 수록되어 있는 내용을 가져와 보았습니다. 대한민국에서 초등학생을 가르칠 때 가장 중요하게 여기는 목표는 위와 같다는 것이지요. 부모님들께서 생각하시기에 가장 중요한 것은 무엇이라고 생각하시나요? 초등학교 교육 목표에서 핵심은 무엇이라고 생각하시나요? 올바른 생활, 학습, 그리고 무엇보다 중요한 인성교육! 그 하나하나 중요하지 않은 것이 없답니다. 하지만 때때로 몇몇 부모님들은 초등교육의 목표를 착각하고 계시기도 합니다.

우리 아이들에게 진짜 필요한 것은 바로 기본 습관과 기초 능력입니다. 초등교육의 목표를 조금 더 구체적으로 말해 보자면 일상생활과 학습을 올바르게 수행할 수 있는 습관과 능력의 기반을 다져주자는 것이지요. 앞으로 초등학교, 중학교, 고등학교 이후의 기나긴 학창 시절을 보내기 위해서 필요한 바탕이기도 하면서, 성인이 되어 행복한 삶을 영위하기 위해 필요한 것이기도 합니다. 아이들이 삶을 살아가는 뼈대를 만들어주는 시기라고 할 수 있겠네요. 이때 우리 부모님들이 조금 전략적으로 생각하셔야 합니다.

아이들은 한 살씩 나이를 먹어가면서 다양한 생각과 가치관을 가지게 되고 변화합니다. 그때 매번 '나는 누구인가?', '내가 왜 학교를 다녀야 하는가?', '공부란 무엇인가?'에 대한 의문을 품게 되지요. 그 질문에 대한 답을 찾아나가면서 아이들은 성장하게 됩니다. 이 질문에 대해 고민하고 응답하는 과정에서 많은 시행착오를 겪게 되는데, 이 고난 속에 아이들이 기존에 가지고 있는 역량이 큰 영향을 끼치는 것이지요. 이때 자기주도 역량을 가진 아이들은 자신에게 놓인 문제 상황을 효율적으로 헤쳐 나갈 수 있습니다. 이것을 왜 해야 하는지 스스로 의미를 부여하고, 지금 무엇을 어떻게 해야 자신에게 도움이 되는지 판단할 수 있습니다. 그리고 자신의 계획과 전략에 맞게 스스로 자기 맞춤형 인생을 살아갈 수 있지요. 다시 말해 우리 아이들이 성장통을 겪을 때, 조금 더 쉽게 넘기길 바란다면 자기주도 역량은 선택이 아니라 필수입니다.

초등학생 아이들에게 필요한 것은 기초 학습능력, 생활 습관, 인성교육 모두 맞습니다. 기본을 바탕으로 더 욕심을 내 본다고 가정했을 때에 진짜 필요한 것이 무엇이냐고 묻는다면 '자기주도성'을 1순위로 여겨주시라고 부탁드리는 바입니다. 앞으로 이 책에서 자기주도에 대한 이야기가 끊임없이 나올 예정입니다. 왜 초등학생 시기에 자기주도성을 길러주어야 하는지, 자기주도적인 학습과 생활은 어떻게 가르치면 좋을지 알려드립니다. 책을 읽어나가시며 제 이야기에 공감하며 따라와 주시다 보면 우리 아이의 미래도 조금은 더 희망적이지 않을까 함께 기대해 봅니다.

세계적 교육 트렌드! 자기주도성?!

OECD에서는 2030 미래교육을 위하여 교육이 나아가야 할 방향성을 정리하여 '학습나침반'을 발표하였습니다. 전 세계가 이 학습나침반에 주목하여 교육과정을 바꾸어가고 있지요. 학습나침반에서 강조하는 것 중 하나는 바로 변혁적 역량을 길러 자신의 길을 스스로 찾아나가는 '학생주도성', 그리고 그 과정에 다양한 사람과 함께 협력하는 '공동주도성'입니다.

자기주도 학습이란
무엇일까요?

우리의 어린 시절을 되돌아보면 학교 시험 기간이 되면 책상에 앉아 허공을 바라보던 순간이 떠오릅니다. 시험 기간에는 평소에 하지 않던 책상 정리가 재미있게 느껴지고, 심지어 연필을 가지런하게 깎아 필통에 꽂아두는 것도 너무 흥미롭습니다. 그러고 나서 '이제 공부를 본격적으로 해 보자!'라고 마음을 먹기도 잠시, 다시 다른 생각에 빠져듭니다. 마침 그때! 부모님이 방에 들어오셔서 "너는 공부 안 하니?!"라고 한마디 하시면 신경이 팍 곤두서면서 "지금 하고 있잖아!"라고 반응했지요. 하지만 속으로는 뜨끔하며 "아~ 공부해야 하는데! 무엇부터 해야 할지 모르겠고, 방법도 막막하고, 공부하는 이유도 모르겠다~"라며 속삭입니다. 이러한 경험, 모두 한 번쯤은 있으셨으리라 생각합니다.

이러한 일상은 요즈음 아이들에게도 마찬가지입니다. 초등학생 아이들은 중간고사, 기말고사가 없어져서 예전 같지는 않지만, 때때로 학교나 학원 공부, 숙제를 진행하며 똑같은 생각을 하지요. 하지만 아이들에게는 난관이 더 많은 것 같습니다. 스마트폰 하나만 있으면 노래도 듣고, 영상도 보고, 게임도 하고, 친구랑 놀기까지 할 수 있으니 유혹적인 것들이 더 많게 느껴진답니다. 이러한 상황 속에 아이들에게 필요한 것은 스스로 생각하고 행동을 조절할 수 있는 능력입니다. '자기조절' 능력이라고도 하는데, 이 자기조절 능력은 더 나아가 학업, 생활에까지 영향을 끼치지요. 또한 어릴 때 형성된 자기조절 능력은 몸에 익어버리고 가치관에 녹아드니 성인 이후 인생 전체까지 영향을 끼친답니다. 어른들도 책상에 앉으면 학창 시절이 떠오르고, 엉덩이가 들썩거리는데, 이 때문일는지요?

자신의 생각을 이해하고 판단하는 것, 그리고 이에 따라 행동을 조절할 수 있는 힘을 자기조절 능력이라고 하였습니다. 이를 학습에 연결 지어 보면 '자기주도 학습'의 의미를 알 수 있습니다. 자기주도 학습이란 쉽게 이야기해서 학습자가 주체가 되어 스스로 생각하고, 학습을 계획, 진행하는 과정을 뜻합니다. 다시 말해 자신의 학습에 대한 전반적인 상황을 이해하고, 계획을 세운 뒤, 학습을 실천하는 것, 그리고 평가를 통해 부족한 부분을 채워나가는 일련의 과정을 주도적으로 하는 것을 말합니다. 자기주도 학습의 핵심은 '학생이 주체가 되어 학습 과정을 이끌어나가는 것'입니다. 이 책의 핵심이자 과정을 간략하게 도표로 나타내 보면 아래와 같습니다. 아래의 단계는 본 책에서 한 단계씩 설명을 해 드릴 예정이니, 읽어보시고 가정에서 실천해 보시기 바랍니다.

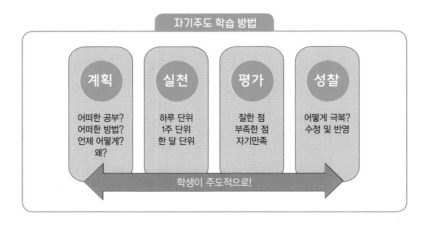

아직도 막연하게 느껴지시나요? 다른 방식으로 이야기해 보겠습니다. 자기주도 학습이란 우리 아이들이 자신의 공부에 대해 이해하는 과정입니다. 이를 흔히 메타인지라고도 하는데, 생각에 대한 생각을 뜻합니다. 내가 생각하는 생각이 옳은지에 대해 판단하는 것이지요. 공부를 하고 있지만 '내가 지금 제대로 공부하고 있나? 혹시 부족한 점은 없나? 어떻게 고쳐 나가지?'라고 고민하는 것이지요. 똑같은 의미의 다른 표현으로는 반성, 성찰, 피드백 정도가 있겠네요. 자녀 스스로 공부에 대해 생각하고, 의미를 찾아나가고, 부족한 부분을 극복해 나가는 열정적인 학습자가 되도록 하는 것이 자기주도 학습이랍니다. 자기주도 학습에서 학생이 자신의 활동을 평가하여 수정할 수 없다면 이는 효과적인 학습이라고 할 수 없습니다. 내가 공부를 알맞게 잘하고 있는지, 지금까지 했던 활동들은 적절했는지, 내가 생각했던 전략들이 얼마나 효과적으로 적용되었는지, 앞으로 같은 방식을 유지할 것인지 수정할 것인지에 대해 판단하고 수정할 수 있어야 합니다. 결국 자신의 생각과 마음을 조절하여 행동을 조절할 수 있는 힘은 자기주도 학습, 자기효능감, 학업성취를 얻어낼 수 있는 것입니다.

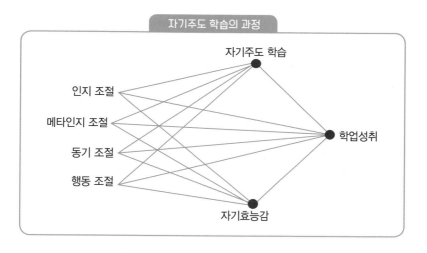

이러한 자기주도적 학습능력은 학교 수업의 효과를 극대화할 수 있습니다. 학교라는 공간은 담임교사 한 명에 이삼십 명의 아이들이 배치되지요. 그래서 담임교사가 아무리 신경을 쓰더라도 한계가 있습니다. 이럴 때 자기주도적 학습능력이 있는 아이들은 생각합니다. 선생님의 설명을 듣고 내가 얼마나 이해하였는지, 모르는 부분은 무엇인지, 앞으로 어떻게 해야 하는지, 어떠한 질문을 하면 좋을지 고민합니다. 그러한 고민을 하며 담임교사에게 이야기, 발표, 질문을 하면 담임교사는 곧바로 알아챕니다. '이 학생이 어느 정도까지 도달했구나! 앞으로 이 부분에 대해서 가르쳐야겠다!'라고 말이지요. 그럼 일대다의 수업이지만 아이가 자신의 학습에 대해서 고민하고 표현한 만큼, 교사는 이 아이에게 적합한 교육을 할 수 있게 됩니다. 현직 교사로서 매년 많은 아이들을 가르치고 있지만, 자신을 드러내는 아이들은 정말 가르치기가 쉽고 가르치는 맛이 난답니다. 학생의 자기주도적 학습은 아이들과 교사가 서로 윈윈할 수 있는 관계를 만들어주는 것 같네요.

자기주도적 학습능력은 미래교육에 있어서 큰 힘이 될 것입니다. 코로나19에 따른 팬데믹 이후 시작된 온라인 수업뿐만 아니라 2022 개정 교육과정에 따라 현재 초등학생들이 커서 고등학생이 되었을 때 맞이할 고교학점제, 그리고 대학생이 되어서 할 수강 신청 등 앞으로 교육받을 의무에서 선택할 것들이 넘쳐나게 될 것이니까요. 팬데믹 이후에 온라인 수업이 대중화되었을 때, 저는 현직 교사로서 아이들의 자기주도성은 학습 과정과 결과에 중대한 영향을 준다는 사실을 실감하였습니다. 머리가 좋고 나쁘고를 떠나, 능동적 학습에 기초적으로 요구되는 것은 자기주도성이라는 사실을 말입니다. 현대 사회의 교육과정과 미래 사회의 요구사항을 살펴보면 자기주도성이 부족한 경우 아무리 좋은 능력이라도 빛을 발하지 못할 것입니다.

우리 아이가 얼마나 자기주도적 학습능력을 가지고 있는지 궁금하시지요? 아이에게 한번 질문해 보세요. 다음의 질문을 던졌을 때,

어떻게 답변하는지를 들어보면 간단하게나마 알아볼 수 있습니다. 앞서 말한 메타인지와 같이 공부에 대한 자신의 생각을 떠올리고 성찰하거나 앞으로의 계획을 세울 수 있다면 훌륭합니다. 자기주도성이 강한 아이는 앞으로 학습, 생활, 가치관 전반적으로 자기주도성을 키워나갈 수 있도록 지도해 주세요. 자기주도성이 아직 약한 아이는 쉬운 단계부터 하나씩 하나씩 연습하여 길러나가다 보면 자신의 삶을 이끌어나갈 수 있게 될 것입니다. 아직 늦지 않았답니다.

자녀에게 질문해 보세요!

- 공부를 왜 한다고 생각하니?
- 네가 느끼기에 지금 필요한 공부는 무엇이라고 생각하니?
- 공부와 관련해서 스스로 생각해 보자. 강점과 약점은 각각 무엇이라고 생각하니?
- 공부 약점은 어떻게 하면 극복할 수 있을 것 같니?

자기주도 학습에 대한
착각과 진실

  담임교사로서 상담주간이나 평가 기간이 되면 자기주도 학습에 대해 질문하시는 부모님을 만나게 됩니다. 이야기를 듣다 보면 '앗! 저건 아닌데?!'라고 생각이 드는 순간이 있지요. 한 부모님께서 질문하셨습니다.

  "아이 혼자서 공부 잘했으면 좋겠는데, 제대로 되지가 않아요.
  어떻게 시키면 혼자서 공부 잘할 수 있을까요?"

  부모님께서는 자녀가 자기주도 학습능력이 신장되길 바라셨을 겁니다. 혹시 여러분이 생각하시기에 질문에서 잘못된 부분을 눈치채셨나요? 아니면 무엇이 잘못된 건지 잘 모르시겠나요? 우리는 이 책을 통해 자녀의 자기주도 학습능력을 신장시킬 것입니다. 하지만 구체적인 방법에 대해 알아보기 전에, 자기주도 학습에 대해 올바르게 알고 접근할 필요가 있습니다. 부모님들이 자주 하시는 착각은 무엇인지, 진실된 정보는 무엇인지 알아보겠습니다.

I. 자기주도 학습을 위해 부모는 개입하지 않는다?!

자기주도 학습은 학생 스스로 자신의 사고 과정을 통해 학습의 전 과정을 이끌어나가는 것입니다. 그래서인지 종종 부모님들께서는 학생 스스로 공부하는 연습을 해야 한다고 말씀하십니다. 틀린 말은 아니오나, 비효율적인 방법이라고 말씀드리고 싶습니다.

갓난아이가 태어나면 두 발로 서고 걷기 위해서 수없이 넘어집니다. 아기 스스로 본인의 의지로 일어나는 연습을 하지만 그 과정에서 다른 물건을 잡거나 부모님의 손을 잡기도 합니다. 그러면서 조금 더 효율적으로 학습하는 것이지요. 자기주도 학습도 마찬가지입니다. 아이 스스로 공부하면서 연습하고 기르는 능력인 것은 맞지만 우리 자녀들은 아직 아이입니다. 어떠한 문제에 대해 고민하고 해결 방법을 구상해 내는 과정에 어려움이 많습니다.

따라서 우리 부모님들은 아이들이 자신의 학습 과정을 계획하고 실천하는 전 과정을 함께 살펴주셔야 합니다. 단계별로 자녀에게 필요한 것은 무엇인지 도움을 주고 지도를 해 주셔야 합니다. 따라서 혼자 공부하는 연습을 하기 전에, 어떻게 공부하면 좋은지에 대해 부모님께서 지도해 주실 필요가 있답니다. 자녀가 하루빨리 효과적으로 공부하길 바라신다면 부모님께서 먼저 자기주도 학습에 대해 이해하시고, 도와주신다면 자녀의 인생 내비게이션이 될 수 있답니다.

2. 자기주도 학습은 공부만 잘하면 된다?!

자기주도 학습이라고 하면 교과 학습을 계획적으로 실천하고, 반성하는 과정입니다. 그래서인지 대부분 학업과 생활을 분리하여 생각합니다. 하지만 교사들은 학업보다 생활 습관의 기초를 먼저 형성하는 것이 중요하다고 말합니다. 학교에서 많은 학생들을 관찰해 본 결과, 똑 부러지는 학생들을 보면 대부분 생활 습관부터 남다르기 때문이지요. 인정받는 학생들은 자신의 역할을 알고, 명확하게 수행하며 타인을 배려하고 자신 스스로의 감정을 절제할 수 있습니다. 또한 학교 행사, 친구 사이의 활동 등 모든 활동에 의미를 찾고 적극적으로 참여합니다.

자기주도 학습을 위해서는 자기주도적 삶이 우선이 되어야 합니다. 삶 속에서 학생 자신이 주인이 되어 자신을 이해하고 감정과 행동을 조절할 수 있는 능력은 무엇보다 중요합니다. 자기주도적 가치관으로 자신의 생활을 지배할 수 있는 학생들이 자기주도 학습도 잘합니다. 다시 말해 자기주도 학습능력을 기르기 위해서는 자기주도적 생활 습관을 갖는 것 또한 중요하다는 것입니다. 따라서 부모님들께서는 학업 측면과 더불어 생활 측면에서도 자녀가 자기절제 능력과 자기주도 능력을 기를 수 있도록 지도해 주세요.

3. 자기주도 학습은 특별한 방법이 있다?!

각종 매체에서 자기주도성이 강조되면서 관심이 뜨거워지고 있습니다. 그래서인지 부모님들은 자기주도가 새로 나온 트렌드이자 특별한 무엇인가처럼 느껴지나 봅니다. 하지만 자기주도 학습은 과거부터 있었던 개념이며, 현대에 들어와서 자주 언급되었을 뿐입니다. 짧게는 십 년, 길게는 그 이전부터 공부 잘하는 학생들은 알게 모르게 자기주도적 학습 습관을 가지고 있던 것이었지요. 그것이 7차 교육과정, 2011 개정 교육과정 시기에 들어와서 구체적으로 언급되었을 뿐입니다.

또한 누군가는 자기주도적 학습을 하기 위해서는 무언가 큰 능력이나 비밀스러운 방법이 필요하다고 생각합니다. 하지만 자기주도 학습 방법은 여러분이 생각하시는 만큼의 특별한 무엇인가가 없을 수도 있습니다. 자신의 학습 과정을 이해한 뒤 계획을 세워 실천하고 평가하고 반성하는 것, 자신의 사고에 대해 사고하는 것이 자기주도 학습의 핵심이기 때문이지요. 다만 여기서도 여러 가지 방법이 활용될 수 있는데, 상세하게 어떠한 방법만이 정답이라는 것 또한 아닙니다. 본 책에서, 또는 다른 자료에서 이야기하는 여러 자기주도 학습법을 직접 고려하고 실천해 보며 학생 자신에게 맞는 공부법을 찾아가는 것이 중요하답니다. 하루아침에 뚝딱 바뀌는 마법 같은

일은 없답니다. 꾸준히 매일 연습하는 것이 가장 빠른 지름길이라고
말씀드리고 싶네요.

4. 공부를 잘하는 아이들은 모두 자기주도성이 강하다?!

'자기주도성이 강한 아이들은 공부를 잘할 확률이 높다.'
'반대로 공부를 잘한다고 하여
무조건 자기주도성이 높은 것 또한 아니다.'

이 문장에 대해서는 이렇게 표현하는 것이 더 정확할 것 같습니다. 구체적인 설명을 위해 두 가지의 경우로 나누어보겠습니다. 우선 첫 번째, 공부를 잘하는 아이들은 분명 이유가 있습니다. 머리가 좋거나, 공부에 시간 투자를 많이 했거나, 자기주도성이 강하거나 여러 배경이 있겠지요. 다만 공부를 잘한다고 해서 무조건 자기주도성이 강하지는 않습니다. 모 드라마에 나왔던 것처럼 부모님이 전부 준비해서 떠먹여주는 아이들도 실제로 많습니다. 하지만 이런 아이들은 부모님의 부재나 성인이 된 후 자신의 진로 과정에 있어서 매우 큰 어려움을 겪습니다. 자기주도성은 학업과 생활, 가치관, 진로 등 삶의 전반적인 요소를 좌우하는데, 이 능력이 부족하면 성적은 좋아서 좋은 대학을 가더라도 나중에 갈피를 못 잡기 때문이지요.

반면에 두 번째로 자기주도성이 강한 학생들은 자신의 학업과 생

활 전반에 의욕을 가지고 효율적으로 참여합니다. 그래서인지 활동에 대한 결과물 또한 매우 우수한 편이지요. 다만, 자기주도성이 높더라도 학업 성적은 좋지 않을 수도 있습니다. 자기주도성이 강하더라도 공부를 싫어할 수 있고, 학업 능력이 조금 떨어질 수도 있기 때문입니다. 하지만 공부가 전부가 아닌 이 시대에, 그래도 이 아이들은 경쟁력이 있습니다. 삶에서 자신이 무엇을 해야 하는지 알고 자신의 생각과 행동을 조절하여 목표를 향해 힘껏 나아가는 힘이 있기 때문입니다. 다시 말해 자기주도성이 강한 아이들은 학업을 우수하게 수행할 확률이 높으며, 학업 여부와 관계없이 성공적인 삶을 살확률이 높다는 것이지요. 그래서 이만큼이나 자기주도성을 강조하는 것이랍니다.

교육과정과
교육 트렌드

　　현재 이 책을 보고 계시는 부모님이라면 적어도 자녀의 교육에 관심을 가지고 계시는 분들이라는 생각이 듭니다. 현장에서 근무하고 있는 교사로서 생각해 볼 때 학교 교육이 가정까지 잘 퍼질 수 있을 것이란 생각에 기쁘기도 하고 감사하기도 하답니다. 마치 가정에도 선생님이 한 분 더 계시는 것과 마찬가지의 효과이니까요. 그래서 이번에는 우리 부모님들께서도 선생님이 되실 수 있도록, 자기주도 학습의 의미를 더욱 강조하기 위해 교육에 대해서 약간 설명해 보려고 합니다. 초등학교에서 다루는 교육과정에 대해서, 그리고 대한민국과 세계의 교육 트렌드는 어떠한 것들이 있는지 살펴보면서 자기주도성이 얼마나 중요한지 알아보도록 하겠습니다. 우리 부모님들도 교육 전문가가 되어 보실까요?

국가에서 고시한 초등 교육과정을 살펴보면 가장 먼저 수록되어 있는 것이 '추구하는 인간상'입니다. 대한민국 교육을 통해 어떠한 아이로 자라나기를 바라는지 알 수 있지요. 총 네 가지가 적혀 있는데, 그중에서도 가장 먼저 첫 번째로 적혀 있는 내용은 다음과 같습니다.

초등 교육과정 - 추구하는 인간상

전인적 성장을 바탕으로 자아정체성을 확립하고 자신의 진로와 삶을 개척하는 자주적인 사람

초등교육의 목표는 학업과 생활을 충실히 수행하며 인성 요소까지 겸비한 전인적 성장을 꾀하는 것, 그리고 학생 스스로 자신을 이해하고 자신의 삶을 이끌어나갈 수 있는 자주적인 사람이 되도록 기르는 것입니다. 학생 스스로 자신에 대해 이해하고 의미를 부여하며 자아정체성을 확립하였을 때 진로와 삶을 개척해 나갈 수 있지요. 아이들에게 필요한 것은 삶의 주인이 되는 자주성, 그리고 이를 위해서는 자기조절 능력과 자기주도성이 필요하겠지요?

그리고 교육과정의 다음 장으로 넘어오면 바로 '핵심역량'에 대한 이야기가 나옵니다. 초등교육을 통해 중점적으로 기르고자 하는 역량들을 정하여 설명하고 있지요. 핵심역량은 시대적인 흐름과 사회현상을 바탕으로 정하게 되는데, 현재 기준으로 여섯 가지의 역량이 명시되어 있습니다. 그중에서도 가장 첫 번째로 언급된 것은 다음과 같습니다.

자아정체성과 자신감을 가지고 자신의 삶과 진로에 필요한 기초 능력과 자질을 갖추어 자기주도적으로 살아갈 수 있는 자기관리 역량

위에서 언급한 '추구하는 인간상'과 비슷한 느낌이 들지요? 학교 교육에서 이러한 아이들을 길러내고 싶다고 생각했기 때문에, 그에 필요한 힘 또한 비슷하게 설정되었지요. 핵심역량에서도 마찬가지로 학생이 자기주도적으로 삶을 이끌어나갈 수 있는 힘을 강조하고 있습니다. 문장에 적혀 있는 기초 능력과 자질이라는 항목에는 학업과 생활, 가치관 등 많은 뜻이 담겨 있지요. 교육을 통해 학생이 자신이 어떠한 사람이고, 무엇을 원하고 있고, 앞으로 어떻게 할지에 대해 스스로 생각하고 실천하며 관리하는 능력을 쌓을 수 있도록 길러주어야 한다는 뜻입니다.

자기주도성이 얼마나 중요한지 느껴지시나요? 국가에서 발표한 교육과정의 첫 부분, 그 안에서도 첫 번째 항목으로 두 번이나 언급되었습니다. 자기주도적으로 공부하고 생활하는 것은 초등학교의 가장 큰 핵심이자 목표랍니다. 그래서 교육부나 교육청에서도 부서나 업무, 프로그램을 계획할 때 '학생 중심', '학생 주도'를 주제로 삼기까지 한답니다. 이전에는 그저 '공부만 잘하면 됐지, 시험만 잘 보면 됐지!'라고 생각했다면 앞으로는 더 넓은 범주에서 학생이 스스로 생각하고 삶을 이끌어나갈 수 있는 능력을 길러주어야 한다고 생각해 주세요.

조금 더 넓은 시야에서 자기주도성에 대해서 이야기해 보려고 합니다. 현대 사회가 글로벌 시대인 만큼 우리 부모님들도 전 세계의 교육 트렌드에 대해 궁금하시리라 생각합니다. 조금 더 넓은 세계에서 아이들의 꿈을 펼치기 위해서는 말이지요. 아까 말씀드렸던 국가 교육과정도 세계의 교육 트렌드를 따라서 매번 수정된답니다. 이번에 소개해 드릴 내용은 여러분들이 가장 친근하기도 하고 많이 들어보셨을 법한 OECD에서 발표한 Learning Compass입니다. 한국어로는 학습나침반이라고 부르지요. 앞으로 미래 사회를 살아갈 우리 어린이들, 2030세대에게는 어떠한 교육이 필요한지, 어떠한 요소들을 중점으로 삼아서 교육을 해야 하는지를 도식화하였답니다.

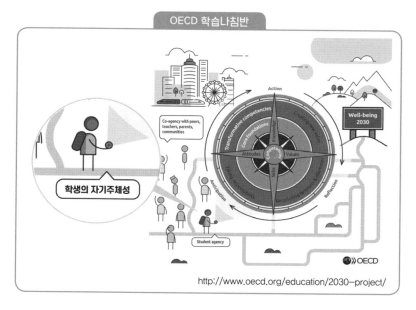

OECD 학습나침반

http://www.oecd.org/education/2030-project/

학습나침반의 내용에 대해서 간단하게 이야기 나누어보려고 합니다. 자세히 살펴보고 싶으신 분들은 포털 사이트에 검색해 보시면 바로 찾아보실 수 있답니다. 우선 이 학습나침반의 가장 가운데에는 역량이 자리하고 있답니다. 우리나라 교육과정에서도 역량을 중시하고 있었지요? 학생들이 역량을 중심으로 하여 다양한 지식과 기술, 태도와 가치를 습득해야 한다고 합니다. 그만큼 현대 교육에서는 전 세계적으로 학생들의 역량을 길러주는 데 집중하고 있답니다. 다음으로는 나침반의 왼쪽 아래에 있는 사람을 살펴보겠습니다. 한 학생이 가방을 메고 나침반을 살피며 길을 찾아가고 있는 것 같네요. 나침반을 통해 자신의 학습 방향을 정하고 길을 찾아나가는 모습은 학생의 자기주체성을 표현한 그림입니다. 영어를 한국어로 번역했을 때 자기주체성이지만, 여러 의미로 생각해 볼 때 자기주도성이라고 표현해도 무방합니다. 수많은 역량 중에 자기주체성을 따로 표현해 두었다는 것은 그만큼 강조하고 싶은 부분이라는 뜻이겠지요?

지금까지 대한민국 교육과정과 OECD에서 발표한 학습나침반을 간략하게 살펴보았습니다. 교육 전문가가 된 기분이 드시나요? 부모님들도 느끼셨겠지만, 이제 우리 아이들에게 필요한 미래 역량으로 자기주도성을 중요시 여겨야 합니다. 스스로 자신의 행동에 의미를 부여하고, 감정을 조절하며, 계획적으로 시간을 관리해 나가는 일련의 과정은 아이들이 성공의 방법을 익혀나가는 것과 같습니다. 자기 주도적으로 공부를 한다는 것이 스스로 원하는 삶을 찾아가는 것과 같답니다. 자기주도성은 성공을 위한 좋은 습관이라고 할 수 있겠지요?

자기주도 습관은
초등학생 때 길러야 합니다

자기주도 학습 습관은 도대체 언제부터 가르쳐야 할까요? 중학교 때는 이미 공부 습관이 형성되었을 터이니 너무 늦은 것 같고, 유치원은 너무 이른 것 같지요. 아무리 생각해도 초등학생 시기가 적기인데, 초등학교 1학년부터 6학년 사이에 도대체 언제가 적당한 시기일까요? 이번에는 자기주도적 학습 습관을 교육시켜야 하는 시기에 대하여 알아보도록 하겠습니다.

저는 초등학교 고학년 학생들의 담임교사를 주로 해 왔었습니다. 그래서 고학년 학생들을 딱 만나면 초면임에도 불구하고 이 친구가 어느 정도 사춘기가 진행되었는지, 또래 친구들에 비해 빠른지 느린지 감이 오는 편입니다. 그만큼 초등학생 사춘기에 익숙해졌다고

나 할까요? 아이들이 사춘기가 오면 전형적으로 부모님께 조잘조잘 이야기하던 것들이 줄어들고, 부모님보다는 친구들에게 이야기하는 것을 좋아하며, 자신만의 시간과 공간을 가지고 싶어 합니다. 아주 일반적인 특성이지요. 이러한 특성은 학습과도 연결되기 마련입니다. 평소에는 부모님이 정한 규칙을 잘 따르고, 숙제 검사도 잘 받던 아이가 언제부터인가 "내가 알아서 할 거야!"라며 반대를 하고, 조금만 더 집요하게 따지면 "나 좀 내버려 두면 안 돼?!"라고까지 말하지요. 부모님의 관리가 간섭이자 참견이 되어버린 겁니다.

자기주도 학습 습관을 길러주기 좋은 시기는 사춘기 직전이라고 말씀드리고 싶어요. 사춘기가 시작되면 자녀는 부모님이 자신의 사고 과정과 행동에 개입하는 것 자체를 꺼려하기 때문이지요. 더불어 사춘기 때는 부모의 말을 잘 믿지 않고, 오히려 또래 친구들의 말을 더 잘 믿는다고 합니다. 부모님이 아무리 맞는 말을 해도 자녀한테는 그저 잔소리이자 참견이 되어버리니 부모의 속만 더 타들어갈 것입니다. 따라서 이러한 사춘기 특성이 오기 전에 자녀와 미리 많은 시간을 할애하셔서 자기주도성을 길러주는 것이 좋답니다. 사춘기 이전에 미리 공감하는 관계(레포)가 형성되면 자녀는 사춘기가 다가와도 그저 부모님과 자신의 일상 루틴이라고 생각하기 쉽고, 삶의 한 부분이라고 여길 것입니다. 미리미리 관계를 형성해 두지 않으면 고학년이 되고, 사춘기가 다가오면서 부모님의 관심이 공부하라는 잔소리로 바뀌어버리는 경향이 있답니다.

사춘기는 사실 아이들마다 모두 다르고, 개인차가 큽니다. 따라서 몇 학년이라고 콕 집어 말하기는 어렵습니다. 빠르면 3~4학년 때 시작되는 경우도 있고, 늦으면 중학교 때 시작되는 경우도 있습니다. 또 어떤 친구들은 사춘기인 듯 아닌 듯 무난하게 지나가기도 하지요. 사춘기를 파악하기 위해서는 자녀들의 말과 행동에 조금 집중해 보시면 쉽게 알 수 있답니다. 이전보다 자존심이 강해진다든지, 또래 관계나 사회적 지위에 관심을 갖게 된다든지, 친구들의 선행학습이나 성적을 견제한다든지, 남자 친구들은 운동 실력이나 힘을 과시하는 등 구체적인 사례들로 드러난답니다. 아이들이 어떠한 말을 하는지, 어떠한 생각을 하는지 질문을 하거나 말에 귀 기울여서 이러한 특성들이 두드러지는지 살펴보세요.

사춘기가 아직 오지 않았다면 부모님께서 아이들에게 다양한 방법으로 자기주도성을 길러주기에 매우 적합한 시기입니다. 본 책에서 이야기하는 것들을 하나씩 시작해 보세요. 혹시 사춘기가 슬슬 시작되는 것 같다 하여도 아직 걱정할 시기는 아니랍니다. 다만 시일을 기다리지 마시고 하루빨리 여러 가지 방법을 시도해 보세요. 만약 사춘기가 이미 시작된 것 같다고 생각하신다면 아이들에게 다가가는 방법을 잘 고심해 보시고, 무엇을 하든 천천히 기다려주세요. 자기주도적 학습을 위해 사춘기 이전에는 하나하나 세심하게 챙겨주었다면 사춘기 이후에는 멀어지는 연습, 기다리는 연습을 해 주셔야 합니다. 자녀에게 관심을 갖고 이야기를 나누며 여러 정보들을 제시하시되, 재촉하지 말고 반드시 기다려주셔야 합니다. 이제는 자녀도 독립할 수 있도록 간접적인 도움을 주셔야 한답니다. 비록 자녀의 행동에 마음에 들지 않거나 감정이 상하더라도 이 시기는 필수불가결한 과도기이므로 현명하게 이겨내는 것 또한 중요하겠지요?

자기주도 학습
핵심 포인트!

　우리 부모님들은 학창 시절을 기억하고 계시나요? 혹시 기억하고 계시다면 제가 하나 여쭙겠습니다. 질문을 보고 곰곰이 생각해 보세요. 예전에 오은영 선생님이 말씀하신 내용인데, 인상이 깊어 기억해 둔 문장입니다.

> "중학교 3학년 때 시험 성적 중에
> 가장 고득점이었던 과목은 무엇이고, 점수는 몇 점이었나요?"

　질문에 대한 답을 기억하고 계시나요? 물론 당시에 특별한 경험이 있으셨던 분은 기억이 나실 수도 있겠지만, 대부분의 부모님은 기억나지 않는다고 대답하실 것입니다. 그렇다면 제가 하나만 더 여쭤보지요.

'중학교 3학년 때 공부하기 위해 어떠한 노력을 한 경험이 있나요?'

두 번째 질문을 보고는 보다 수월하게 답이 떠오르셨을 것입니다. 저의 중학교 3학년 시절을 떠올려보면, 당시 1등을 쟁취하고 싶어서 항상 책을 들고 다니려고 했어요. 그때 같은 반 여자 친구가 저에게 말하길, "너는 무슨 유난이야? 네가 전교 1등이라도 돼?"라고 자극했지요. 저는 당시 전교 1등이 아니어서 정말 화가 치밀었지만, 큰 대꾸를 못하고 참았습니다. 그리고 그날부터 1등을 하기 위해 온갖 전략과 방법을 다 사용해 보고, 코피도 흘려가며 공부한 결과 인생 첫 1등을 거머쥐었던 기억이 납니다. 지금 생각해 보면 굳이 남들 눈에 띄게 교과서까지 들고 다니며 공부했어야 했나 싶은데, 그래도 다시 돌아보면 내가 언제 그렇게 열정적으로 공부했나 싶습니다.

제가 이런 경험을 나눈 이유는 학습의 의미에 대해 말씀드리고 싶어서입니다. 우리 인간은 공부를 할 때 어떠한 개념을 머릿속에 남겨두기도 하지만, 시간이 지났을 때는 경험이 더 많습니다. 정확히 이야기하면 경험을 통한 능력(역량)의 누적이랄까요? 결국 공부가 무엇이냐고 묻는다면 학습이라는 소재를 통해 능력을 키워나가는 과정인 것입니다. 스스로 공부법을 찾아보고, 여러 전략을 적용해 보며 자신에게 맞는 방식을 찾아가고, 무엇이 좋고 무엇이 안 좋은지를 경험하며 능력을 기르는 것이 자기주도 학습이랍니다. 가끔 몇몇 부모님께서는 자기주도 학습능력을 기르기 위해 엄청난 것을 기대하시거나, 구체적인 정답을 알려주고 따라 하면 무조건 된다고 생각하시는 분이 계십니다. 그런 부모님께서 이 책의 내용을 보신다면 의아해하실 수도 있지요. 이 책에서는 1+1=2라는 사실을 알려주는 것이 아닌, +가 왜 중요한지, 덧셈을 잘 하려면 어떻게 하면 좋은지 공부하는 과정에 대해 알려드리고 있으니까요.

따라서 초등학생 자녀들에게 이 책에 나오는 다양한 방법과 전략을 적용해 볼 수 있게 해 주세요. 지금 자기주도성을 기르기 위해 다양한 시도를 해 보고, 경험을 쌓아나가게 된다면 나중에 아이들이 어른이 되었을 때 이때의 경험을 역량으로 활용할 수 있을 것입니다. 이 역량이 숙달된 아이들은 어른이 되어 일상생활, 업무 처리 상황, 문제 상황, 진로 선택 상황 등 어떠한 때가 와도 스스로 자신에게 맞는 적절한 방법으로 해결해 나갈 수 있는 것이지요. 자기주도성 교육에 대해서는 이러한 맥락에서 생각해 주셔야 합니다. 그러기 때문에 초등학생 시기에 자기주도성 교육이 더 필요한 것이기도 하고요.

Part 2

부모님의
걱정 타파

똑똑한 아이는
무엇이 다른가요?

　부모님들께서 궁극적으로 가장 궁금해하시는 것이 바로 이 부분이라고 생각됩니다. 우리 아이가 똑똑했으면 좋겠는데, 어떻게 하면 좋을까요? 똑똑한 아이들은 어떻던가요? 정말 많이 질문해 주셨지요. 그때마다 저는 제가 지금까지 보고 듣고 느낀 것들, 그리고 저의 생각을 함께 말씀드립니다. 물론 저는 신이 아니기에, 무조건 '정답입니다!'라고 말씀드릴 순 없습니다. 다만 저는 초등학생을 가르치는 교사이기에 제가 그간 느껴온 바가 그렇다고 말씀드립니다. 매년 수십 명에서 수백 명의 학생들을 만나게 되는데, 해가 바뀌고, 학년이 바뀌고, 제가 학교를 옮기며 더 많은 학생들을 마주하게 되지요. 그러면서 깨닫게 되는 것입니다. 흔히 세상에서 말하는 똑똑한 아이들은 어떤 아이들인지, 어떠한 특징이 있는지요.

똑똑하다는 것은 어떠한 역량이 좋아서 학업도 척척 잘 해내고, 생활 문제도 잘 해결하고, 사회생활도 잘하는 것입니다. 제가 경험한 똑똑한 아이들은 분명 두드러지는 특징들을 가지고 있었습니다. 눈치가 빠르다거나, 대처 능력이 좋다거나, 계획적인 성격을 가지고 있기도 하였습니다. 더 나아가 체력이 좋은 아이, 대인관계가 좋은 아이 등 다양했지요. 여러 능력 중에 가장 두드러지고, 가장 필요하다고 느꼈던 역량은 바로 '의미를 부여하는 힘'입니다. 똑똑한 아이 중에 이 힘을 가진 아이는 학업성취도와 관계없이 너무나도 특별해 보였고, 세상 무슨 일이 닥쳐도 다 잘 해결할 것만 같았으며, 예쁘고 기특했기 때문입니다.

'의미를 부여하는 힘'이란 말 그대로 어떠한 일이나 행동에 의미를 부여하는 것을 말합니다. 다른 말로는 가치 부여라고도 할 수 있겠네요. 초등학생들이 수업 시간에 가장 많이 하는 질문 중 하나가 "이거 왜 해요?"입니다. 예쁘지 않은 질문이긴 하지만, 초등학생들은 그럴 수 있다고 생각하기에 웃고 넘깁니다. 하지만 의미 부여를 잘하는 아이들은 교사가 굳이 주저리주저리 설명하고 설득하지 않아도, 자기주도적으로 의미를 부여하고 목표를 세워서 학습을 추진해 나갑니다. 자신이 이 활동을 왜 해야 하는지, 했을 때 어떤 점이 좋은지, 자신이 어떠한 것을 얻을 수 있는지 생각하는 것이지요.

사실 이러한 아이들의 특성을 파악하게 된 후 한 가지 떠오른 사실이 있습니다. 제가 초등학생 시절, 한참 애니메이션에 빠져 있던 때가 있습니다. 하루에 두세 시간씩 무조건 일본 애니메이션을 봤었지요. 그때 무언가 걱정이 되었습니다. 이렇게 오래 애니메이션을 보는 게 너무 기쁘고 즐거운데, 한편으로는 내가 이래도 되나 하는 걱정이 들었던 것입니다. 그래서 의미 부여를 하기로 했습니다. 바로 외국문화 이해와 외국어 공부라는 명목으로 말이지요. 일본 애니메이션을 더빙이 아닌 자막판으로 보며 의미 부여만 했을 뿐인데 몇 년간 애니메이션을 보고 난 결과 현재는 일본어가 가능하게 되었습니다. 그간 한국 정부와 일본 정부의 지원 프로그램에 뽑혀 몇 차례 일본 연수도 다녀오고, 교환학생도 무료로 다녀왔으며 현재는 일본의 대학원에 합격하는 기쁨까지 맛보게 되었습니다. 지금 생각해 보니 당시에 멋모르던 제가 '의미 부여' 하려고 노력했던 것이 참 기특하기도 하네요.

단, 여기서 더 나아가 정말 똑똑한 아이들은 한 가지를 더 신경 쓰는 것 같습니다. 바로 '긍정의 힘'이지요. 항상 의미 부여를 할 때 긍정적인 방향으로, 부정적인 것도 긍정적으로 해석하려고 노력하는 힘이 있던 것입니다. 정확한 표현을 위해 한 가지 예를 들어보겠습니다. 수업 시간이 싫은데, '공부는 성공의 지름길이니까 문제를 열심히 풀어보자!'라고 참고 공부하는 학생 A가 있습니다. 그리고 수업이 싫지만 '내가 모르는 것을 배운다는 것은 멋진 일이야. 나에게 언젠가 도움이 될 거야!'라고 생각하며 공부하는 학생 B가 있습니다. 둘 다 의미 부여를 통해 자기주도적으로 공부를 진행하려고 노력하고 있습니다. 하지만 긍정의 힘이 있는 자기주도성은 더욱 강력하고 더욱 오래 지속됩니다. 또한 어려움이 닥쳐도 항상 긍정적으로 생각하기 때문에, 넘어지더라도 쉽게 털고 일어나 또 다른 목표를 세울수 있습니다.

이러한 긍정적 자기주도성을 가진 학생들을 보고 있으면 참 기특하고 예쁩니다. 인성도 좋고 공부도 열심히 하며, 선한 영향력을 가진 사람이라고 느껴지기 때문이지요. 물론 학생 A의 방법이 틀리거나 잘못되었다는 것은 아닙니다. 하지만 이왕 의미 부여를 하며 공부를 할 때, 긍정의 기운이 돌면 더 좋지 않을까요? 우리 아이가 밝고 행복하길 바란다면 긍정적인 사고를 할 수 있도록 분위기를 형성해 주세요.

🏠 영균쌤 & 현미쌤의 코칭 포인트

자기주도성을 강화하기 위해서는 강력한 동기 부여가 필요합니다. 동기 부여에도 여러 가지 종류가 있지만, 돈이나 선물과 같은 보상은 때때로 부작용을 낳기도 합니다. 따라서 교육적이면서도 자기주도성을 높이는 과정에 큰 도움이 되는 동기 부여 방법은 '의미 부여'와 '긍정'을 습관화하는 것입니다. 아이들이 생활 속에서 의미 부여하는 연습, 긍정적으로 바꾸어 생각해 보는 연습을 하도록 다음과 같이 질문해 보세요.

• 이 경험이 너에게만 주는 특별한 의미는 무엇일까?
• 이 경험이 너에게 주는 교훈 / 좋은 점이 있지 않을까?

우리 아이 집중력은
괜찮을까요?

    초등학교 1교시는 40분 수업으로 진행됩니다. 교사인 제가 봤을 때에 그렇게 긴 시간은 아닌데, 아이들은 하품도 하고 다리도 떨고, 친구들과 장난도 치며 매우 힘들어하지요. 40분이라는 시간에 충실히 참여하고, 쉬는 시간에는 놀며 학교생활의 효율을 높이는 친구도 있고 정반대인 친구도 있습니다. 효율적인 학교생활을 위해서는 지금 무엇을 어떻게 해야 하는지 고민하고, 자신을 조절해서 집중하는 힘이 필요하지요. 이러한 자기주도 학습을 위해서는 집중하는 연습을 해야 합니다. 또한 부모님께서는 아이들에게 목표를 세워 무언가에 몰두한다는 것이 얼마나 중요한지 알려주어야 한답니다.

'우리 아이의 집중력 괜찮은가요?'

부모님께서 걱정하시는 만큼 더욱 궁금한 이 질문, 아이들의 집중력은 어느 정도가 평균이고 어느 정도면 괜찮은지 궁금하시지요? 3~6학년의 학생들은 그래도 슬슬 학습 집중력이 눈에 보이는데, 저학년에서는 구체적으로 드러나지 않아 확인이 어렵지요. 이에 대한 명확한 답은 없지만, 교사 개인이 느끼는 기준을 말씀드려 보려고 합니다. 우선 학습 측면에서 저학년의 경우 집중 시간이 매우 짧기 때문에 수업 자체도 활동을 다양하게 진행합니다. 보통 한 활동에 10분에서 15분 정도로 계획을 세우지요. 저학년 자녀가 약 15분 동안 한 활동에 꾸준히 집중할 수 있다면 충분히 수업에 잘 참여할 수 있는 수준입니다. 더 나아가서 부모님께서 아이들과 함께 공부해 보시면서 '몇 쪽 펴볼까?', '책에서 토끼를 찾아볼래?' 등과 같은 질문을 여러 가지 해 보세요. 부모님의 의도에 따라 적절하게 반응하거나, 교과서에 적힌 질문에 적절하게 응하고 따라갈 수 있다면 집중력이 좋은 편입니다. 1, 2학년의 아이들에게 너무 많은 것을 바라시기보다 기본에 충실한지를 살펴보아 주시면 됩니다.

　3~6학년의 경우에는 교과서를 확인해 주시는 방법이 있습니다. 다른 교과서보다 국어, 수학 교과서를 참고하시면 좋은데 두 교과서에서는 학생이 스스로 생각하고, 집중해서 고민해 본 뒤에 답할 수 있는 질문이 많습니다. 따라서 집중력이 좋은 학생들은 교사의 의도에 따라 집중력을 발휘하여 해당 활동들을 성실하게 해냅니다. 반면 집중력이 낮은 학생들은 단순한 질문에는 형식적인 답이라도 달아놓지만, 생각을 묻는 질문에는 답을 달지 않는 경우가 많습니다. 예

를 들어 국어 교과서에서 "이야기에서 용왕님은 토끼에게 무엇을 요구하였나요?"라는 질문에 답을 달았지만, "내가 토끼라면 어떻게 행동했을 것 같나요?"와 같은 질문에는 답을 달지 않는 경우이지요. 부모님께서 교과서를 쭉 훑어보시고 어떠한 질문들에 얼마만큼이나 답을 했는지 살펴보신다면 보다 쉽고 정확하게 아이의 학교 수업 집중력 상태를 확인해 보실 수 있답니다.

아이들의 집중력은 곧 학습 효과로 나타납니다. 공부 집중력도 생활 집중력도 학업 효과로 나타날 수 있지요. 초등학생의 집중력을 높이기 위해서는 외적, 내적 요소 모두를 살펴보아야 합니다. 예전에 입시를 주제로 한 드라마가 폭발적인 인기를 끌었었는데, 거기에서는 책상 종류, 스탠드의 빛, 방의 습도까지 관리하라고 합니다. 실제로는 그렇게까지 세심하게 할 필요는 없으며, 단순히 우리 아이 그 자체의 상태와 공부하는 모습만을 꼼꼼하게 살펴보아 주시면 됩니다.

집중력을 기르는 방법

1. 박수를 통해 머릿속을 백지로 만들어주세요.

집중만 하려고 하면 자꾸 잡생각이 듭니다. 이러한 잡생각을 한순간에 지워줄 수 있는 생각의 전환점이 필요하지요. 가끔 '아, 이런 생각 하면 안 되는데…. 집중하자, 집중!' 하면서 스스로를 다잡는 생각도 반복되면 잡생각으로 이어집니다. 따라서 집중력이 흐트러질 때에는 박수를 치면서 스트레칭을 하는 등 순간의 집중을 전환시켜 머리를 새하얗게 만들어보세요.

2. 잡생각 노트를 사용해 보세요.

공부할 때 '아, 이거 해야 되는데?!'라고 생각이 떠오르며 집중이 흐트러집니다. 그럴 때에는 '그것을 언제 하지? 어떻게 하지? 지금 할까?'라고 고민하는 것이 아니라, 잡생각 노트에 간단하게 메모만 해 주세요. 메모와 동시에 머릿속에서 잊어버리려고 노력합니다. 집중 시간이 끝난 뒤에 잡생각 노트를 보는 습관을 길러보세요.

3. 참는 힘, 거절하는 힘을 길러주세요.

아이들은 집중하려는 순간 주변의 유혹에 쉽게 넘어갑니다. '과자 좀 먹고 시작할까?'라는 유혹을 참게 하고, 놀이터에서 한 시간만 놀자는 친구의 유혹을 거절하는 인내심을 기르도록 해 주세요. 처음부터 참는 것이 어렵다면, '집중해서 이것만 끝내면 하고 싶은 거 해야지!'라고 전제 조건을 달아보세요. 목표로 삼은 것에 집중을 완료하지 못했다면 원하는 것을 포기하는 방법으로 반복연습을 하면 참고 거절하는 인내심이 길러집니다.

4. 집중이 잘되는 환경을 찾아보세요.

- 사람의 성향에 따라서 집중이 잘되는 환경이 다릅니다. 여러 가지 조건을 실천해 보고 자신만의 스타일을 찾을 수 있게 해

주세요.

- 탁 트인 책상 / 독서실 책상 / 넓은 거실
- 좁은 방 / 학교 / 도서관 / 집
- 조용한 곳 / 백색소음이 있는 곳 / 소리가 있는 곳

5. 집중을 방해하는 요소를 찾아 정리해 보세요.

- 책상 위의 지저분한 필기구
- 벽에 붙은 아이돌 사진
- 눈에 보이는 컴퓨터, 노트북, 태블릿

6. 공부 시간을 확인해 보세요.

- TV, 컴퓨터, 핸드폰을 만지고 나서 공부를 하는 경우 잔상이 많이 남아 집중력에 방해가 됩니다.
- 학습 시간을 먼저 갖고 취미, 여가 시간은 보상 개념으로 나중에 갖도록 해 주세요.

7. 가장 좋은 방법은 신뢰감을 주는 것입니다.

- 학창 시절 좋아하는 선생님의 과목을 더 열심히 공부하듯이, 아이들도 나를 믿고 좋아해 주는 사람에게는 좋은 모습을 보이려고 합니다.
- 집중하는 모습, 노력하는 과정에 대해서 적극적으로 칭찬하고 믿고 있다는 신뢰감을 주세요.

선행학습을
꼭 해야 하나요?

　많은 부모님들께서 혹여나 우리 아이가 상급학교로 진급하였을 때 뒤처지는 것은 아닐지, 어려운 학습 내용을 제대로 따라가지 못할지 등을 걱정하십니다. 그리하여 아이들에게 현재 학년 수준보다 1, 2년 정도 앞선 학습을 위해 학원을 보내거나, 강의를 듣게 하기도 합니다. 또한 학부모 상담에서 어느 정도까지 선행학습을 시켜야 할지 물어보시는 경우도 종종 있습니다. 선행학습이 꼭 필요할까요?

　공교육정상화법 개정을 통해 학교에서는 현재 학년의 해당 교육 과정에 나오지 않은 내용은 어떠한 것도 시험에 출제할 수 없습니다. 즉 교사가 교과서에 기초하여 가르치지 않은 내용은 절대 출제해서는 안 되는 것이지요. 따라서 학생과 학부모님께서는 예습에 대한 조바심을 느끼지 않아도 됩니다!

우리는 누구나 배운 내용을 오랫동안 기억하는 것은 쉽지 않습니다. 그래서 배운 내용을 수없이 반복하고 복습하는 자세가 우선이 되어야 합니다. 특히 수학과 같은 과목은 계열성이 확실하므로 이전 학년에서 배운 내용을 잊어버리면 다음 학년에서 학습을 이어나가는 데 어려움을 겪습니다. 따라서 수학 과목 복습은 단원을 반복적으로 이어나가고, 학습 내용이 쌓여 나갈수록 핵심적인 내용을 바탕으로 복습을 진행해야 합니다. 특히나 학기 단위로는 배운 내용을 전체 점검하여 부족한 부분과 잊어버린 내용을 끊임없이 확인합니다. 수학 복습 방법은 개념 이해를 바탕으로 공식을 암기하고, 다양한 문제를 풀어 개념과 공식을 적용하도록 합니다. 그리고 어느 정도 문제 풀이를 마친 후에는 난도를 높여 어려운 문제에도 도전해 봅니다. 어려운 문제 풀이는 많은 양을 한 번에 하는 것보다 하루에 2문제씩 충분히 사고하는 시간을 가지고 도전합니다. 그리고 풀었던 문제를 기초로 하여 나만의 수학 문제를 만드는 것도 좋습니다. 문제를 만들어봄으로써 개념을 되짚어보게 되고, 수학적 창의력과 서술 능력을 키울 수 있습니다.

그렇다면 예습은 아예 하지 말아야 할까요? 예습에서 가장 중요한 것은 적절한 양입니다! 너무 많은 양의 예습은 현재 학습에 있어 많은 부작용을 일으킵니다. 특히 이해 없는 예습은 아이의 학교 수업에 대한 흥미를 하락시키고 의욕을 부진하게 만듭니다. 따라서 예습의 방향은 앞으로 배울 내용에 대한 배경지식을 확장시키고 학습 부담감을 감소할 수 있을 정도면 충분합니다.

적절한 예습 방법으로는 학습 주제에 대해 책상에 앉아 문제집을 외우며 공부하기보다 다양한 활동을 중심으로 진행하는 것이 좋습니다. 예를 들어 사회와 과학 과목의 선행학습은 관련된 영화와 책을 통하여 학습 내용에 대한 배경지식을 쌓는 방법, 직접 체험학습을 통하여 눈으로 보고 몸으로 익히는 방법도 있습니다. 수학 학습의 예습은 개념 맛보기 정도인 한 학기 범주 내에서 학습하는 것을 권장합니다. 특히 방학과 같이 충분한 시간적 여유가 있을 때를 활용하세요. 이전 학기에서 배웠던 내용을 복습하며 어려운 문제를 풀어보고, 동시에 다음 학기에서 배울 내용을 미리 살펴보고 가볍게 문제 풀이를 하면 수학의 연계성을 느끼며 깊이 있는 이해를 할 수 있을 것입니다. 국어 과목은 따로 예습을 하기보다는 다양한 장르의 책을 읽고 꾸준하게 독후감을 써보세요. 이를 통해 독해력과 어휘력을 향상시킬 수 있으며, 글 쓰는 것에 대한 두려움도 없앨 수 있습니다. 자기주도적인 학생들은 복습을 반복적으로 충분히 하며 예습을 이어나갑니다. 복습과 예습이 적절히 조화를 이룰 때 진정한 학습 효과를 거둘 수 있다는 사실을 잊지 마세요.

과목별 추천 예습 방법

- 국어
  - 교과서에 수록된 작품 전체 읽어보기
  - 교과서에 작품이 수록된 작가의 다른 책을 읽어보거나 작가의 정보에 대해 찾아보기
  - 다양한 장르의 책 읽어보기
  - 여러 형태의 독후감 써보기

- 수학
  - 예습을 하려는 단원과 연관된 이전 단원을 찾고, 해당 단원을 먼저 복습한 뒤 예습 시작하기(수학의 계열성을 강화하기 위함)
  - 한 달 또는 한 학기 이내의 학습 내용을 개념 위주로 예습하기

- 사회
  - 사회 수업 및 교과서와 관련된 배경지식 쌓기(영화, 도서, 체험 등)
  - 지역 및 국가와 관련된 배경지식 쌓기(신문, 뉴스 등)

- 과학
  - 학교 수업과 관련 있는 영화, 책, 미디어 찾아보기
  - 배우려는 과학 개념이 적용된 실제 사례 찾아보기

- 영어
  - 단원별 핵심 영어 단어를 익히고 영어 단어와 문장의 발음을 연습하는 등의 기초 다지기를 통해 영어 자신감 기르기(해당 단원의 활동을 미리 하는 것은 비추천)

저학년(1, 2학년) 교육을 위해 꼭 알아두어야 할 것은?

저학년 아이들을 보면 참 순진무구하고 해맑은 아이들이구나 싶습니다. 그저 건강하게 자라주고 학교 열심히 다니고, 친구들과 잘 지내면 그것으로 만족하는 시기이지요. 그보다 더 바랄 게 무엇이 있겠습니까? 하지만 교사의 개인적인 욕심으로 조금만 더 신경 써주었으면 하는 부분은 분명 있습니다. 이 시기의 아이들은 정말 말랑말랑한 상태이기 때문에 어떻게 만져주느냐에 따라 앞으로의 학창시절이 크게 변화할 수 있기 때문이지요. 따라서 저학년 시기의 아이들이 더욱 무궁무진한 인재가 되기를 바라며 어떠한 부분들에 신경을 써주었으면 하는지 말씀드려 보겠습니다.

초등 교사가 생각했을 때 각 학년군별 중요하게 여겨주셨으면 하는 사항에 대해서 요약하여 먼저 말씀드립니다. 구체적인 지도 방법은 본 책의 뒷부분을 참고해 주세요.

1. 앉아 있는 엉덩이 힘이 필요합니다.

초등학교 수업 시간은 1교시가 40분입니다. 저학년 수업은 이론 수업은 대부분 없고, 체험활동이나 조작활동으로 진행되는데도 40분을 견디지 못하지요. 2학년은 1학년보다는 조금 낫습니다만, 2학년도 수업을 힘들어하기 일쑤입니다. 따라서 아이들이 만들기를 하든, 책을 읽든, 일단 앉아 있는 습관이 생겨야만 무엇이든 할 수 있습니다. 자기주도적 학습자가 되기 위해서는 우선 엉덩이 힘을 기를 수 있도록 해 주세요. 아이가 좋아하는 활동을 차분히 앉아서 집중하는 기회를 반복해서 주시면 됩니다.

2. 챙기는 습관을 강조해 주세요.

저학년 아이들은 자신의 물건을 너무 자주 잃어버립니다. 물건이 언제 어떻게 필요한지 생각하지 않고, 중요성 자체를 인지하려 하지 않지요. 따라서 부모님께서 아이들의 물건을 챙겨주실 때 언제 어떻게 쓸지를 구체적으로 알려주세요. 그리고 왜 중요한지 설명해 주시며 아이가 물건에 대한 주인의식을 갖게 해 주세요. 학습 준비물, 숙제, 옷, 학용품 등 어떠한 것이든 자신의 것을 챙기는 습관을 강조해 주시면 됩니다.

3. 인사는 성공의 열쇠입니다.

교사들 눈에 확 들어오는 친구들은 인사를 잘하는 친구들입니다. 물론 모든 아이를 사랑하려고 하지만 더욱 예뻐 보이는 것은 어쩔 수 없지요. 교사에게 인사를 잘하는 아이들은 교사와 관계가 매우 강하게 형성됩니다. 교사도 아이를 좋아하고, 아이도 선생님이 좋아지는 것이지요. 학창 시절에 선생님이 좋아서 수업이 좋아진 경험 있으시지요? 확실히 교사와 관계가 좋은 아이들은 학업도, 교우관계도 우수하답니다. 만날 때 하는 인사는 물론이고, 사소한 일에 감사와 사과의 인사를 전하는 습관을 길들여주세요.

4. 열린 마음을 가지게 해 주세요.

초등학교에 진학하면서 교육과정이 확대되고, 다양한 선생님과 친구들을 만나게 됩니다. 새로우면서도 낯선 생활이 이어지는 것이지요. 이때 한번 마음을 닫기 시작하면 친구 관계도, 학업도, 학교생활도 모두 어려워지기 마련입니다. 따라서 부모님께서는 아이들에게 항상 열린 마음으로 임할 수 있도록 격려해 주세요. 새로운 것들을 즐길 수 있는 용기를 길러주세요. 진취적이고 도전적인 아이일수록 성공의 확률은 올라갑니다.

중학년(3, 4학년) 교육을 위해
꼭 알아두어야 할 것은?

　매년 연말, 연초가 되면 교사들도 신학년 배정에 관심이 갑니다. 몇 학년 담당 교사를 하고 싶은지 지망서를 내지요. 이때 가장 인기가 많은 것은 대체적으로 3, 4학년입니다. 오죽하면 교사들이 4학년을 천4학년이라고 부를까요? 그만큼 3, 4학년은 학습 태도가 어느 정도 형성되어 있으며 칭찬을 갈구하며, 의욕도 넘치는 예쁜 아이들입니다. 어떻게 보면 어느 정도 가치관이 고착되어 버린 5, 6학년보다 더 다루기 쉽기 때문에 교사나 부모의 교육적 의도대로 길러낼 수 있는 지점토 같은 시기라고 할 수 있겠네요. 3, 4학년 아이들에게 강조하고 싶은 부분은 기초 학습 습관입니다. 이 시기에 자기주도적인 학습 습관이 잘 형성된 아이들이 고학년 학습을 원활하게 진행하고, 이후 중학교와 고등학교 공부도 잘 이어나갈 수 있답니다.

초등 교사가 생각했을 때 각 학년군별 중요하게 여겨주셨으면 하는 사항에 대해서 요약하여 먼저 말씀드립니다. 구체적인 지도 방법은 본 책의 뒷부분을 참고해 주세요.

1. 글씨와 맞춤법을 강조해 주세요.

3, 4학년에 접어들며 본격적으로 문장과 글을 써보는 학습을 합니다. 글을 쓰게 되면 정말 상상치도 못할 표기법이 등장하지요. 고학년 때는 더 긴 글을 쓰게 되는데, 맞춤법을 심각하게 틀리거나 글씨를 너무 못 쓰면 친구들의 눈치를 보게 되고 곧장 학습 의욕 감퇴로 이어집니다. 고학년 시기에는 맞춤법을 지도하려 하여도 잘 고쳐지지 않으므로, 중학년 때 맞춤법과 글씨를 강조하여 지도해야 합니다. 단순한 일기 쓰기나 독후감 쓰기로 글을 쓰게 하거나 쉬운 동화책을 따라 쓰기, 이어지는 이야기 상상하기 등의 활동을 통해 예쁘게 글씨 쓰기와 맞춤법을 익혀나갈 수 있게 해 주세요.

2. '계획'에 대해서 가르쳐야 할 시기입니다.

저학년에는 교육을 놀이로 접근합니다. 중학년 때부터 학습이 시작되는 느낌인 것이지요. 따라서 자신의 스타일에 맞추어 공부하고 생활하기 위해서는 계획을 세워 적용해 보는 경험이 필요합니다. 학교에서 배운 내용을 복습, 예습하거나 자신의 일정을 하루, 일주일, 한 달 단위로 정리해야 할 때 계획을 세울 수 있도록 해 주세요. 구체적인 방법은 Part 3에서 알려드리겠습니다. 서투르고 부족해도 스스로 계획을 세워보고 실천하고 부족한 부분을 반성해 보며 계획을 지키려고 노력하게 해 주세요. 계획은 실패하기 마련이지만 3, 4학년에 계획을 실천하고 실패의 경험이 있는 아이는 자기주도적인 삶을 살 수 있답니다.

3. 경청으로 자기조절력을 길러주세요.

　아이들은 자라나면서 연령에 따라 교육적 발달 특성을 보입니다. 유치원~초등 1, 2학년 아이들의 가장 두드러지는 특성은 '자기중심성'이지요. 무엇을 해도 자기중심이고, 가족관계, 친구 관계, 이 세상이 다 전부 자기중심으로 굴러가야 한다고 생각하지요. 그래서 대화에서도 자기 할 말을 하고 싶어 하고, 타인의 이야기를 잘 듣지 않습니다. 하지만 이제 3, 4학년이 되면 아이들은 타인과 소통해야 할 필요성이 생기고, 고학년부터는 의사소통을 통한 상호 협력이 중요한 능력이 되어버립니다. 따라서 3, 4학년 아이들에게는 경청의 중요성과 경청의 태도에 대해서 알려주세요. 자기가 하고 싶은 말이 있거나, 상대의 의견에 동조하지 않아도 꾹 참고 우선 듣는 것을 연습시켜 주세요. 그리고 자신의 말을 순화하여 상대에게 공감하며 대화하는 방법을 알려주세요. 내가 하고 싶은 말을 조절해 나가는 것만으로도 자기조절력이 길러지고, 이는 자기주도성의 기초가 됩니다.

4. 집중도 습관입니다.

　교과별 자기주도 학습에서도 안내해 드리겠지만 3, 4학년군에 들어오면 본격적인 교과 학습이 시작됩니다. 1, 2학년에는 통합교과로 놀이 중심의 수업이었다면 3, 4학년부터는 교과 내용을 중심으로 다양한 활동이 진행되지요. 따라서 40분간의 수업 안에서 학생이 목표 의식을 가지고 집중하는 힘이 곧 학습 성취도가 됩니다. 따라서 집중하는 방법을 알고 연습해 나가는 과정이 선행되면 좋습니다. 평소 책을 읽거나 독후감을 쓰거나 일기를 쓰거나 학원 숙제를 하는 등 무언가 학습을 진행할 때 목표를 세우고, 시간을 정해 집중하는 연습을 할 수 있도록 시켜주세요. 갈수록 집중 시간을 늘려나가고, 실패한 경우 이유를 함께 분석해 보면 좋습니다. 집중하는 것도 연습으로 만들어지는 습관이라는 사실을 반드시 명심해 주시길 바랍니다.

집중력을 길러보자!

- 내가 이 활동을 해야 하는 이유는?
  (의미 부여하기)
- 얼마나 집중할 것인가?
  (정한 시간 안에서는 다른 생각이나 행동을 반드시 멈추기)
- 잘한 점, 부족한 점 분석해 보기
  (부족한 점은 수정하여 다음에 적용)

고학년(5, 6학년) 교육을 위해
꼭 알아두어야 할 것은?

초등학교 고학년이 되면서 아이들은 의기양양해집니다. 학교 안에서 가장 높은 학년이고, 공부하는 내용도 어려워지고, 몸도 마음도 커져가니 이제 어른이 된 것만 같지요. 그래서인지 저희 반 학생은 어린이날에 선물 받고 싶을 때만 어린이고, 나머지 기간은 어린이가 아니라고까지 하더군요. 역시 아직 어른들이 보기에는 한없는 어린이구나 싶습니다. 고학년 아이들을 가르치기 힘든 이유는 바로 이 점 때문입니다. 교육 발달 단계상 아이들은 사춘기가 시작되면 스스로를 어른이라고 생각하지만, 아직 많이 미숙하다는 점이 난관이 되는 것이지요. 실제로 어른이 되어가는 시작 단계인 만큼, 이 시기의 교육은 매우 중요하다고도 할 수 있습니다. 사춘기의 아이들을 건드리는 것은 매우 예민한 일인데, 중요한 시기라니, 참 어려운 일인 것만 같네요. 따라서 초등학교 고학년 시기에 아이들이 학업과 생활 전반에 자기주도적인 아이가 되기 위해 어떠한 부분에 어떻게 신경 쓰면 좋은지에 대해 알아보겠습니다.

초등 교사가 생각했을 때 각 학년군별 중요하게 여겨주셨으면 하는 사항에 대해서 요약하여 먼저 말씀드립니다. 구체적인 지도 방법은 본 책의 뒷부분을 참고해 주세요.

1. 스스로를 사랑하는 아이가 될 수 있게 해 주세요.

사춘기가 시작되면 자신에 대한 자아효능감과 자아존중감이 낮아지는 경향이 있습니다. 다른 사람이 바라보는 자신의 외모에 신경 쓰이고, 성적도 교우관계도 모두 신경 쓰며, 나 자신을 아무 능력도 없는 사람처럼 여기기도 합니다. 이렇게 자아존중감이 낮아지기 시작하면 다시 회복되는 데 오랜 시간이 걸리며, 학업과 생활 모두에 큰 영향을 끼쳐버립니다. 따라서 초등학교 고학년 시기의 아이들이 자신 스스로를 무척 사랑할 수 있게 도와주세요. 이를 위해서는 평소에 부모님께서 애정 표현을 이전보다 더 많이 해 주셔야 하고, 자녀의 강점을 찾아 칭찬해 주셔야 합니다. 그리고 약점이 있다고 의기소침해한다면, 그것을 어떻게 극복하면 좋을지 함께 머리를 맞대고 노력해 주시는 것도 좋습니다. 자기가 얼마나 대단한 아이인지, 얼마나 사랑받는 아이인지 직감하게 해 주세요.

2. 배운 내용을 적용해 보는 습관을 길들여주세요.

고학년이 되면 교과 학습 내용이 본격적으로 어려워집니다. 교사인 저도 가끔 수업 준비를 하다 보면, '태어난 지 12년 된 아이들한테 이런 개념까지 가르칠 수 있다니, 참으로 생명이란 신기한 것이 구나!'라는 생각도 들 정도니까요. 하지만 난도가 있다 보니 아이들이 스스로 습득하지 못하고, 수업의 대부분을 흘려버리는 경향이 있습니다. 따라서 이 시기에 학습 성취도를 높여가기 위해서는 반드시 학생 스스로 적용해 보는 습관을 만들어야 합니다. 또한 새로운 내용을 습득하는 시간보다 적용하는 시간이 더 길어야 합니다. 배운 내용을 적용시키는 활동(문제 풀기, 보고서 만들기, 마인드맵 공책 쓰기, 생활 속에서 사례 찾아보기 등)을 실천하며 자신만의 언어로 습득할 수 있게 해 주세요.

3. 비판적 사고력을 중시해 주세요.

비판적 사고란 어떠한 상황 속에서 감정이나 편견에서 벗어나 논리적이고 합리적으로 생각해 보는 힘을 말합니다. 무조건 다른 사람을 깎아내리거나, 잘못된 부분만을 골라내어 지적하는 것과는 엄연히 다른 것이지요. 비판적 사고는 삶의 의미를 찾고, 자신이 삶을 이끌어나갈 수 있는 힘이 됩니다. 잘한 부분을 찾아 칭찬하고, 아쉬운 부분을 찾아 반성하고 수정해 나가는 과정 또한 비판적 사고를 통한 것이니까요. 따라서 초등학교 고학년 교과서에도 많은 활동들이 비판적 사고를 요구한답니다. 개인의 문제, 가정 문제, 학교 문제, 사회 문제 등 여러 범주의 문제 상황과 연결 지어 비판적 사고능력을 길러주세요. 사춘기가 오면서 또래 관계에 집착하여 사고가 흐려지는 경향이 종종 있으므로, 평소에 생활 속에서 비판적으로 바라보고 사고하는 힘을 중요시해 주면 학업과 생활 태도 전반에 도움이 될 것입니다.

4. 표현할 창구를 마련해 주세요.

질풍노도의 시기라는 말이 있듯이, 이 시기에는 생각과 감정이 폭풍같이 휘몰아칩니다. 초등학교 고학년 시기에는 여학생들이 사춘기가 시작되며, 빠른 경우 남학생들도 간혹 보입니다. 심란한 마음 때문에 학업에 집중할 수 없거나 계획한 생활 패턴을 실천하지 못하기도 합니다. 따라서 이때 아이들이 자신의 생각과 감정을 표현하고, 정리할 창구를 마련해 주셔야 합니다. 부모님과 함께 대화로 풀어나갈 수 있는 경우라면 매일 밤 대화 시간을 가지셔도 좋습니다. 이것이 어렵다면 요즘 초등학생들이 좋아하는 다이어리를 활용하셔도 좋습니다. 매일 밤에 하루 동안의 자신의 말과 행동, 모습을 살펴보고 순간의 생각과 감정을 다이어리에 적게 하는 겁니다. 아이가 자신의 감정을 표현하는 것만으로도 마음의 짐을 덜 수 있고 삶을 성찰할 수 있는 기회가 되기 때문입니다. 대화가 되었든, 다이어리 꾸미기가 되었든, 비밀 일기장, 비공개 SNS나 블로그가 되었든 자신을 표출하고 반성해 볼 창구를 마련해 주세요.

Part 3

자기주도
공부법

자녀와 함께하기

　　스스로 공부하는 아이가 되기 위해서는 도대체 어떻게 해야 하는 것일까요? 지금부터는 부모님들께서 가장 궁금해하시는 자기주도 공부법에 대해 알려드리겠습니다. Part 3에서는 전체적인 측면에서 학습 계획 세우는 법, 좋은 공부 습관, 부모님의 지도 방법에 대해서 알려드릴 예정입니다. 그리고 Part 4에서는 각 과목의 특성을 반영하여 구체적인 자기주도 학습법에 대해서 알아보겠습니다. 찬찬히 하나씩 읽어보시면서 우리 아이는 어떠한지, 부모님 스스로는 어떠한지 떠올려보시며 큰 흐름을 익혀주시면 되겠습니다. 통상적인 이야기, 뻔한 이야기라고 생각하지 마시고 사소한 것도 하나하나 읽어보시며 되돌아보아 주세요.

　　우선 자기주도 학습 습관을 길러주기 위해서는 관계 형성, 분위기 형성이 가장 중요합니다. 그중에서도 자녀와 가장 가까이에서 많은 시간을 보내는 부모님들의 역할이 굉장히 중요하지요. 부모가 자녀 교육을 성공적으로 하기 위해서는 자녀를 이끄는 지도자가 아닌 자녀를 돕는 '조력자' 관점을 유지하는 것이 좋습니다. 부모와 자녀의 관계는 아이가 자기주도 학습자가 되는 데 윤활제가 될 수 있답니다. 이 부분에서는 자녀를 돕는 조력자의 역할에서 자녀와 함께하는 방법에 대하여 알아보겠습니다.

방법 l 자녀와 소통하는 대화하기

중학교 3학년 학생 100명을 대상으로 조사한 결과 약 80%의 학생들이 "부모님과 대화를 해도 통하지 않는다."라고 말했다고 합니다. 자녀와 부모가 대화가 통하지 않는다면 정말 답답할 것입니다. 어떤 요인들이 부모와 자녀의 대화를 어렵게 만드는 것일까요?

"친구와 싸우지 않고 사이좋게 잘 지내야지!"
"학교 수업 시간에 딴짓하지 말고 선생님 말씀을 잘 들어야 하는 거야."

우리 부모님들은 위에 나온 말을 자주 사용하시나요? 자녀와 부모의 대화가 어려운 이유로는 부모의 지나친 기대심리가 자녀에게 작용되기 때문입니다. 부모는 자녀가 자기주도적으로 공부하고 훌륭한 사람이 되기를 바라며, 친구와 싸우지 않고 잘 지내기를 원합니다. 부모가 자녀에 대해 갖는 기대심리는 부모의 생각을 자녀에게 강요하게 되고, 자녀의 생각이 부모의 욕심에 못 미칠 경우에는 자녀의 이야기를 듣지 않게 만듭니다. 자녀가 친구와 사이좋게 지내지 못하는 이유가 무엇인지, 수업 시간에 집중도가 떨어지는 다른 이유가 있는지를 대화를 통해 먼저 파악해야 합니다. 서로 소통하고 긍정적인 대화를 나누기 위해서는 자녀의 이야기를 있는 그대로 경청하고 충분히 공감해 주세요. 부모님이 자신의 마음을 이해하고 수용해 줄 때 아이는 부모에 대해 신뢰하게 될 것이며, 자존감과 자기 확신이 높아집니다. 이는 삶에 대해 더욱 적극적이고 진취적인 사람이 되는 데 중요한 밑거름이 될 것입니다.

"친구와 싸우지 않고 사이좋게 잘 지내야지!"

⋯▶ "친구의 어떤 행동이 너를 힘들게 만드니?", "친구와 사이좋게 지내지 못하는 이유를 알려줄 수 있을까?", "네가 친구와 잘 지내려고 노력하는 모습이 멋있어!"

"학교 수업 시간에 딴짓하지 말고 선생님 말씀을 잘 들어야 하는 거야."

⋯▶ "학교 수업 시간이 어떻게 느껴지니?", "학교 수업 시간에 집중이 잘 안되는 이유가 있을까?", "수업이 지루해도 끝까지 들으려는 자세가 대단하구나!"

우리 부모님들은 아이들의 행동이 마음에 들지 않을 때 어떻게 하시나요? 단호한 말투로 안 된다고 말씀하시거나, 큰 소리로 단호하게 말씀하지는 않으신지요?

자녀와 부모의 대화를 어렵게 만드는 또 다른 이유는 자녀의 행동과 결과에 초점을 두는 부모의 태도입니다. 부모는 아이를 교육한다며 아이들의 행동과 그 행동의 결과에 대하여 민감하게 반응하는 경우가 많습니다. 이럴 때 아이의 문제점을 지적하고 명령, 지시, 강요하는 말을 사용하여 해결책을 일방적으로 제시하곤 합니다. 또는 강하게 경고, 위협하는 말을 사용하는 권위적인 태도를 앞세워 자녀에게 좌절감을 느끼게 하고 부모와의 친밀감을 상실하게 만드는 경우도 많습니다. 이러한 상황에서 아이에게 필요한 것은 일방적인 해결책과 강요가 아니라 아이의 감정을 알아주는 것입니다. 과정에서 느끼는 감정을 듣고 감정을 이해하고 공유하여야 부모와 자녀가 진정으로 소통하는 대화를 할 수 있으며 긍정적인 관계를 형성하게 만듭니다.

🏠 영균쌤 & 현미쌤의 코칭 포인트

- 자녀 스스로 생각하고 대답할 기회를 주는 대화!
- 자녀와 부모의 긍정적인 관계의 바탕은 충분히 소통하고 공감하는 대화!
- 자녀의 행동에 초점을 두기보다는 그러한 행동을 하는 이유와 자녀의 감정을 이해하고 알아주기!

방법 2 자녀의 관심사에 대해 관심 갖기

"어떤 부분에 관심을 가지고 지켜봐야 하는 건지 모르겠어요."

"자녀에 대한 관심을 어떻게 표현해야 할까요?"

자녀에 대한 부모의 관심과 애정은 아이 스스로 자신은 사랑받는 소중한 존재라는 인식을 갖게 만듭니다. 어렸을 때부터 부모로부터 많은 관심을 받은 아이는 자존감이 높은 아이로 성장하고, 이러한 자존감은 삶을 살아가는 태도와 자신이 하고 싶은 일을 끈기 있게 노력하는 자세로 이어지게 됩니다. 따라서 자기주도적으로 삶과 학습을 이어나가는 아이를 만들기 위해서는 자녀에 대한 부모님의 관심이 필수입니다. 하지만 많은 부모님들께서 자녀의 어떤 부분에 대해 관심을 가지고 지켜봐야 하는지, 부모가 가진 관심을 어떻게 적절하게 표현해야 하는지에 대해 많이 고민하십니다.

아　이 : 엄마, 아빠 이거 같이하자!
부모님 : 좀 이따가~
　　　　엄마 이것만 하고 해 줄게.
　　　　아빠는 그거 잘 못하는데?
　　　　아빠가 더 잘 아니까 아빠한테 말해 볼래?

가끔 아이가 흥미를 느끼는 대상을 알면서도 부모가 바라는 대상과 달라 외면할 때가 있습니다. 아이가 무엇에 대해 흥미를 가지고 있는지 눈여겨보는 것부터 시작해 보세요! 아이가 좋아하고 흥미를 가지는 어떤 것이든 관심을 갖고 관찰하게 되면 자연스레 아이는 부모 옆에서 눈을 반짝이며 이야기를 이어나갈 것입니다. 아이가 좋아하는 것을 부모가 함께한다면, 아이는 부모가 좋아하는 것도 자연스레 함께하려고 할 것입니다. 자녀에 대한 관심의 표현은 자녀가 좋아하는 것을 함께하는 것부터 시작해 보세요.

- 자녀가 진짜 좋아하는 것이 무엇인지 먼저 알아보기
- 아이의 관심사에 동참하는 자세를 적극적으로 보여주며 과정을 중시하기
  예 "OO(이)가 좋아하는 레고 블록 아빠랑 같이해 볼까? OO(이)가 아빠랑 같
  이 즐기는 모습이 보고 싶어!"
  "우리 OO(이)는 모래로 멋진 동물 만드는 것을 좋아하는구나! 이번에는
  엄마랑 같이 만들어볼까?"
  "OO(이)가 노력하는 모습을 보면 기뻐!"

방법 3 자녀의 학습 상황에 관심 갖기

학부모 : 선생님, 저희 애가 수학을 잘 못하는 것 같아요. 어떻게 공부
         하면 좋을까요?
교 사 : 자녀가 수학의 어떤 부분이 어렵다고 하던가요?
학부모 : 정확히는 모르겠지만 그냥 어렵다고 자주 이야기해요….

우리 부모님들은 자녀의 학업 수준에 대하여 정확히 알고 계시나
요? 혹시 그냥 막연하게 우리 아이는 '수학을 잘 못해.' 또는 '국어
에 대해 흥미가 없어.'라고 생각하고 있지는 않으신가요? 아이에 대
한 진정한 관심은 아이가 좋아하는 것뿐만 아니라 학습에 대하여 어
려워하는 부분을 정확히 아는 것을 의미합니다. 아이와 같이 학습하

면서 아이가 수학에서 구구단 몇 단을 어려워하는지, 문제의 정답은 구할 수 있지만 설명하는 것을 어려워하는지 등 학습의 수준과 학습에서 어려워하는 점을 정확히 파악해 주세요. 이렇게 아이가 어려워하는 것에 관심을 가지고 함께 보조를 맞추어 해결책을 찾아나가는 습관을 부모가 먼저 보여주셔야 합니다. 이런 경험들이 쌓이고 쌓여 나중에 아이가 혼자 학습을 할 때 직면하게 되는 어려움 앞에서도 포기하지 않고 스스로 해결책을 고민하고 찾을 수 있게 해 줍니다.

🏠 영균쌤 & 현미쌤의 코칭 포인트

- 우리 아이의 학습 수준은 어느 단원, 어떤 부분을 어려워하는지 정확히 이해하기
- 부모와 아이가 함께 어려운 부분을 고민하고 해결하는 습관을 어려서부터 아이에게 길러주는 것이 중요

분위기
만들어주기

아이와 함께하는 여유로운 주말에는 무엇을 해야 할까요? 일상의 피곤함에 지쳐 아이가 혼자 방에서 무엇을 하든 외면하고 있지는 않으신가요? 또는 하루 종일 텔레비전과 함께 주말을 보내고 있지는 않으신가요?

태어날 때부터 자기주도적 학습 습관을 가진 아이는 거의 없습니다! 그렇다면 자기주도적으로 학습하는 아이들이 지니고 있는 공통점은 무엇일지 생각해 보아야 합니다. 바로 가정의 분위기에 정답이 있습니다. 가정에서 부모와 함께 자연스럽게 학습하는 분위기를 내재화한 아이들은 자기주도적으로 학습하는 것에 어색함이나 두려움이 없습니다. 집에서 있었던 일을 조잘조잘 말하는 학생 친구들, 여러 가정의 공통점을 모아보니 바로 알게 되었습니다. 부모님께서 꼭 알아야 할 가정의 분위기 형성 방법에는 무엇이 있을지 알아보겠습니다.

방법 Ⅰ 함께 책 읽는 우리 집

"어릴 적 나에게는 정말 많은 꿈이 있었고, 그 꿈의 대부분은
책을 많이 읽을 기회가 있었기에 가능했다고 생각한다."
-빌 게이츠-

독서가 인생에서 중요한 이유는 책을 읽을수록 책 속의 지식을 배울 수 있을 뿐만 아니라, 생각이 깊어지고 이를 통해 세상을 보는 눈이 확장되기 때문입니다. 또한 모든 교과는 글로 되어 있으므로 어휘력과 독해력이 좋은 학생들은 혼자 공부하는 데에 유리합니다. 아이에게 무조건 많은 책을 읽게 하는 것보다 꾸준하게 책을 읽을 수 있도록 분위기를 만들고, 책 안에서 다양한 간접 경험을 통해 새로운 지식을 배울 수 있도록 기회를 주어야 합니다.

어린 시절 부모는 아이의 롤 모델이자 모방의 대상입니다. 아이에게 독서의 중요성과 즐거움을 알려주고 싶다면 부모가 먼저 책 읽는 모습을 지속적으로 보여주어야 합니다. 아이가 책을 읽기 싫어한다면 책으로 도미노 쌓기 놀이도 하고, 책 표지와 책 속의 그림 살펴보기 등을 통해 책에 대한 거부감을 줄여주세요. 이를 통해 아이는 자연스레 책의 내용을 궁금해하며 부모에게 책의 내용을 물어보거나

혼자서 읽기 시작할 것입니다. 또한 요즘에는 대부분의 학교 도서관에 '부모님과 함께하는 책 읽기 행사'도 마련되어 있습니다. 아이와 같은 책을 읽으며 생각과 느낌을 나누고 독후 감상문도 함께 써보는 활동을 통해 아이에게 책 읽으라고 잔소리하는 것이 아니라 함께 책 읽는 분위기를 만들어보세요. 부모님과 함께 책 읽는 경험을 한 아이들은 독서를 과제가 아닌 일상으로 받아들입니다.

🏠 영균쌤 & 현미쌤의 코칭 포인트

- 부모가 먼저 책 읽는 모습을 보여주기
- 책으로 도미노 쌓기, 책 표지와 책 속의 그림 살펴보기를 통해 책에 대한 거부감 없애기
- 아이와 같은 책을 읽으며 생각과 느낌을 자주 나누기

방법 2 천천히 공부 독립시키기

아이가 어릴 때 부모들은 아이를 씻기고, 먹이고, 재우고, 달래고 가르치면서 보살핍니다. 몸을 가누지도 못해 누워만 있던 아이가 고개를 가누기 시작하고 네발로 기다가 무수한 연습 끝에 걷기에 다다릅니다. 부모가 먹여주던 밥은 이제 아이 손으로 혼자 먹기 시작하고, 같이 잠을 자던 아이는 이제 혼자 쓰는 침대로 옮겨가며 잠자리도 독립을 이루어 냅니다.

초등학생 아이가 저학년에서 중학년, 고학년으로 올라갈수록 이

러한 생활 습관 독립뿐만 아니라 공부 독립도 이루어 나가야 합니다. 많은 학부모님께서 자기주도 학습의 중요성을 알지만 우리 아이가 시행착오를 겪다 뒤처지는 것은 아닌지, 혼자 공부하다가 학습 격차만 커지는 것은 아닌지 등의 이유로 사교육에 의존하십니다. 하지만 사교육은 단시간 안에 학습 효율성을 극대화하는 것이 목적이므로 풀이 과정을 생각하지 않고 공식만을 암기하게 만들거나, 학습 내용에 대한 완벽한 이해보다는 진도에 급급한 공부를 하게 만듭니다.

저학년일 때는 부모와 아이가 함께 공부의 주도권을 가지고 부모가 아이를 도와주었다면 고학년일 때는 아이 혼자 공부를 주도할 수 있도록 해야 합니다. 어떻게 아이에게 공부 독립을 이루도록 도와줄 수 있을까요? 이때 부모가 해야 하는 일은 무엇일까요?

먼저 아이와의 대화를 통해 부모가 도와주던 내용들의 목록을 작성하여 보세요. 그리고 작성된 목록에서 아이 스스로 혼자 할 수 있는 것들을 고르도록 하고, 이것들을 어떻게 실천할지 간단한 계획표를 작성해 보는 것도 좋습니다. 그다음에는 2주 정도의 기간 동안 스스로 실천해 보는 시간을 갖게 합니다. 기간이 너무 길게 되면 아이가 중간에 마음이 약해지거나 포기하는 경우도 생길 수 있으니, 아이의 성향에 맞게 적당한 기간을 잡아주세요. 2주 후에는 실천 내용에 대하여 아이의 소감을 들어봅니다. 이때 부모는 아이가 그동안 조금 못하였더라도 꾸중하고 혼내기보다는 어려웠던 점에 대하여 공감해 주고, 잘한 점은 꼭 크게 칭찬해 주세요! 그리고 아이가 혼자 하기 힘들었던 부분들을 반영하여, 다시 아이가 할 일의 목록을 정하고 다짐하며 재실천하도록 하는 것이 중요합니다. 이러한 과정은 단번에 되는 것이 아니기에, 여러 번 반복하고 꾸준하게 아이와 소통을 통하여 아이만의 공부 스타일을 찾을 수 있도록 해야 합니다.

만약 부모가 계속 도와주기를 원한다면?

아이가 혼자 하는 것을 너무 힘들어하고 부모가 계속 도와주는 것을 원한다면 "네가 온전히 스스로 해야겠다고 생각이 들 때 말해 줄래? 노력하는 모습을 응원하며 기다리고 있을게!"라고 답해 주세요. 이러한 가능성을 열어두고 부모가 기다려준다면 아이도 안정감을 느낄 것입니다. 모든 성장에는 정해진 때가 있듯이 마찬가지로 자기주도 학습도 때가 있으니 너무 서두르는 것은 좋지 않습니다.

🏠 영균쌤 & 현미쌤의 코칭 포인트

- 대화를 통해 아이가 혼자 할 수 있는 부분들은 아이에게 맡기기
- 스스로 실천해 본 소감을 함께 나누고, 잘한 부분은 크게 칭찬하기
- 부족했던 부분에 대하여 아이와 함께 어떻게 할지 정하고 다음 실천에 반영하기

부모의 역할에 대하여 생각해 보거나 내가 부모로서 잘하고 있는지 스스로 점검해 본 적 있으신가요? 아이에게 어떠한 행동을 시키거나 못하게 하기 전에 이것이 과연 아이에게 왜 필요한지, 어떤 도움이 되는지, 잘된 점과 부족한 점은 무엇인지, 개선 방안은 어떻게 하면 좋을지 등에 대해 진지하게 고민하는 것이 중요합니다. 앞에서도 언급했듯 부모는 아이의 모델이자 거울이기 때문입니다. 부모가 먼저 일상생활에서 비판적 사고를 하지 않으면 아이 또한 세상과 자신에 대해 비판적으로 바라보는 시각을 가질 수 없습니다.

우리는 가끔 무의식적으로 말이나 행동을 하여 실수를 범하거나, 실수를 저지르고도 똑같은 반복을 하는 경우가 있습니다. 비판적 사고력을 갖춘다면 반복되는 실수를 줄이고, 더 좋은 방향으로 나아갈 수 있습니다. 어려서부터 스스로에 대해 비판적으로 돌이켜 보고 반성할 수 있는 많은 기회를 주기 위해 부모님께서 먼저 모범을 보여 주세요!

🏠 영균쌤 & 현미쌤의 코칭 포인트

- 부모가 먼저 비판적 사고를 통해 스스로를 점검하고 되돌아보기
- 오늘 부모로서 잘한 일 / 아쉬운 일은 무엇이 있을까?
- 내가 한 말 / 행동 / 선택이 과연 최선이었을까?
- 다른 유의미한 방법은 없었을까?
- 오늘의 나는 자녀에게 교육적인 부모였다고 할 수 있을까?

마음을 다스리기

　피겨 불모지인 대한민국에서 고군분투하며 최선을 다해 세계 정상의 자리까지 우뚝 선 김연아 선수를 모르는 사람은 없을 것입니다. 깔끔한 기술과 완벽한 표정 연기로 국민들을 매혹시켰던 김연아 선수를 떠올리면 마음을 다스리는 사람이라는 생각이 듭니다. 2010년 밴쿠버 올림픽 쇼트 프로그램에서 김연아의 라이벌인 일본의 한 선수가 트리플 악셀을 성공시키며 개인 최고 점수를 받았습니다. 이 선수 다음으로 전체 쇼트 마지막 차례였던 김연아 선수는 라이벌 선수가 최고 점수를 받고 난 후의 부담감을 억누르고 경기에 임해야 했었죠. 많은 국민들은 김연아 선수가 초조함에 실수하지 않을까 노심초사하였지만, 김연아는 생애 첫 올림픽 무대에서 보란 듯 클린 연기를 성공하며 세계 신기록을 경신하였습니다.

자기주도적이고 진취적인 아이들은 이처럼 자신의 욕구와 마음을 잘 이해하고 다스립니다. 우리 아이가 자신을 제대로 이해하고 이를 바탕으로 하여 긍정적인 방향으로 나아가게 하려면 어떻게 해야 할까요?

방법 I 자신을 이해하기

'나는 누구인가?'
'나는 무엇을 잘하는가?'
'나는 미래에 어떤 사람이 되고 싶은가?'

자기주도적인 학생들은 자기이해지능이 일반 학생들보다 훨씬 높다고 합니다. 여기서 자기이해지능이란 자신에 대한 정확한 이해를 바탕으로 자신의 인생을 계획하고 조절할 수 있는 능력을 의미합니다. 자기주도적인 학생들은 자신에 대한 객관적인 이해를 바탕으로 자신을 수용하여 자기 존중감이 높고, 자신이 처한 문제를 훌륭하게 해결할 수 있습니다.

자신에 대한 이해를 하기 위해서는 먼저 자신을 있는 그대로 받아들여야 합니다. 아이 스스로 자신에 대해서 생각할 수 있는 충분한 시간을 주세요. 나는 무엇을 좋아하는지, 언제 행복감을 느끼는지 또는 내가 힘들 때는 어떤 활동으로 기분 전환을 하는지 등을 부모님과 함께 생각해 보고 대화로 나누면서 자신에 대해 깊게 성찰해 보는 기회가 반드시 필요합니다.

"우리 OO(이)는 글쓰기를 참 잘하는구나."(X)
"우리 OO(이)는 적절한 근거 3가지를 사용하여 주장하는 글을 썼구나. 근거가 적절해서 주장이 타당하다는 생각이 들어."(O)

자신을 이해하는 데 있어 자신의 강점을 명확하게 아는 것은 중요합니다. 부모님들께서는 아이 스스로 자신의 강점을 파악할 수 있도록 아이가 잘하는 것에 대하여 구체적이고 크게 칭찬해 주세요. '잘했어, 훌륭해, 대단해.'와 같이 아이가 한 일을 평가하는 칭찬보다는 아이가 해낸 일의 과정과 성과가 구체적으로 나타난 칭찬을 해 주세요. 이를 통해 아이는 자신이 어떤 부분에 강점을 지니고 있는지 정확히 이해하게 될 것입니다. 또한 아이에게 과제를 제시할 때에는 아이가 더욱 많은 성공의 기쁨을 느낄 수 있도록 난이도 조절을 해야 할 필요성이 있습니다. 이러한 성공의 경험을 통해 매사에 해 보지도 않고 포기하는 아이가 아닌, 진취적으로 도전하고 성공하려는 의지를 지닌 아이로 만들 수 있을 것입니다.

"나는 축구 선수로는 작은 키를 가지고 있으며 다른 선수들에 비해 신체 조건이 뒤처진다. 하지만 작은 키는 내게 있어 최고의 스피드와 순발력을 낼 수 있는 최고의 장점이 되었다. 단점을 장점으로 승화시켜라."
-리오넬 메시-

자신의 강점만을 바라보고 집중한다면 자기이해지능이 높다고 할수 없습니다. 자신의 약점도 제대로 바라보고 이를 강점으로 승화시키는 노력과 사고의 전환을 해야 합니다. 아이가 자신의 약점을 강점으로 바꾸어 생각할 수 있도록 도와주세요. 수학 계산이 느린 아이에게 빨리 계산을 하도록 강요하기보다는, 신중하게 계산하여 정확도가 높다고 인식할 수 있게 해 주세요. 이러한 사고의 전환을 통해 아이의 자존감과 자아존중감을 높이고, 자신의 약점도 극복할 수있는 힘을 기를 수 있습니다.

🏠 영균쌤 & 현미쌤의 코칭 포인트

• 자신에 대해 탐색할 수 있는 충분한 시간 주기
• 아이가 자신을 이해할 수 있도록 충분한 대화를 하고, 아이 스스로 자신에게 질문할 수 있도록 만들기
• 아이의 강점은 강하게 느낄 수 있도록 구체적으로 칭찬해 주기
• 아이의 약점을 강점으로 바꾸어 생각하도록 사고의 전환 돕기

방법 2 삶의 목표와 공부의 이유를 구체화하기

저는 학기 초 학생들과 꿈과 목표에 관한 이야기를 자주 나누는 편입니다. 명확한 꿈을 가지고 있는 학생부터 하고 싶은 일이 너무 많아 여러 개의 꿈을 가지고 있다고 말하는 학생, 그리고 아직까지 무엇을 해야 할지 잘 모르겠다는 친구들도 있습니다.

아이들이 학교생활에 적극적으로 참여하고 즐거운 마음으로 임하

게 하는 요인은 무엇일까요? 바로 삶에 대한 목표와 공부를 해야 하는 이유를 스스로 명확하게 이해하고 있느냐의 문제입니다. 이러한 목표와 목적이 어떠하냐에 따라서 학습 활동에 대한 태도와 접근 방식이 달라집니다. 일반적으로 학습과 삶에 대한 목표가 흐릿하거나 구체적으로 설정되지 않은 학생들을 보면 미래의 삶에 대한 꿈과 목표 역시 막연하거나 생각조차 해 보지 않은 경우도 많습니다. 그냥 막연하게 공부하다 보면 좋은 성적을 받을 것이고, 좋은 성적이 상위권 대학으로 연결될 것이라 생각하는 학생들을 보면 참 안타깝습니다. 자신의 꿈을 명확하게 하지 않으면 어려운 고난에 부딪혔을 때 의지가 약해져서 포기하거나, 쉽게 그만두는 상황을 합리화해 버릴 수도 있습니다. 또는 열심히 공부하여 꿈꾸던 대학에 갔지만 결국 자신이 진정으로 원하는 것이 무엇인지 몰라서 자신이 택한 전공을 후회하거나 중간에 다른 길을 탐색하기도 합니다.

자기주도적인 학습자로 아이를 키우고 싶다면 자신의 꿈과 목표를 스스로 명확하게 세우는 일부터 시작하도록 지도하세요. 이러한 학생들은 자신이 공부해야 하는 이유가 무엇인지, 목표를 성취하기 위해서는 어떤 준비와 노력을 해야 하는지 등의 인생의 계획을 세우고 실천해 나갈 것입니다.

"엄마! 왜 공부를 해야 하는 거예요?"

만약 아이가 공부를 해야 하는 이유에 대하여 물어본다면 어떻게 답하실 건가요? 훌륭한 사람이 되기 위해서, 나중에 잘 살기 위해서, 돈을 잘 벌기 위해서라고 답하실 건가요? 그렇다면 훌륭한 사람이 되면 공부를 멈추어도 될까요? 돈을 이미 원하는 만큼 벌었다면 공부를 그만해도 되는 것일까요? 저는 아이들에게 행복한 사람이 되기 위해서 공부하는 것이라고 설명합니다.

공부는 요리이고 학습자는 요리사에 비유할 수 있습니다. 학습하면서 배우는 많은 개념 및 내용은 재료이고, 이 재료들을 어떻게 활용해야 하는지는 요리사의 역량입니다. 다양한 재료들을 요리사가 어떻게 사용하냐에 따라 음식의 맛은 천차만별이죠? 마찬가지로 배운 내용들을 내 것으로 만들어서 내게 필요한 부분에 이를 적용하여 활용하는 것이 공부입니다. 내가 원하는 것들을 이루어내기 위해서는 그와 관련된 내용들을 알고, 적용하고, 결합해야 하는 것이죠. 아이들에게 삶의 목표를 정하게 한 뒤, 목표를 이루기 위해 자신이 알아야 할 재료들을 파악하게 하세요. 그러면 이 재료들을 얻기 위해서는 스스로 필요한 공부를 찾아 하게 될 것이고, 결국에는 자신이 하고 싶고 누리고 싶은 삶을 살면서 행복을 추구할 수 있게 됩니다.

🏠 영균쌤 & 현미쌤의 코칭 포인트

- 아이와 함께 삶의 목표를 정하기
- 학교 수업은 공부의 지극히 일부임을 알려주기
- 배운 내용을 자신의 방식대로 활용하는 것이 진정한 공부임을 알려주기
- 학습 지식을 자녀의 삶에서 활용해 보는 기회를 가지며, 그것이 진정한 공부의 의미임을 깨닫게 하기

유념해 주세요!

자기주도 학습능력의 목표는 자신에게 필요한 것을 찾아 스스로 학습하는 생활 습관을 가진 사람을 만드는 것입니다. 자기주도적인 학생들은 자신에게 필요한 부분들을 인지하고 이를 이루어내기 위하여 체계적으로 계획을 세우고 지켜 나간다고 합니다. 즉 학생이 학습의 주체가 되어 공부의 전 과정에 적극적으로 참여하고 자율적인 학습자로 거듭나는 것이 진정한 학습이라 할 수 있습니다.

무슨 일이든 계획 없이 마구잡이로 하게 되면 시간을 낭비하게 되고, 응급 처치 방식으로 매일을 살아가게 될 확률이 높습니다. 이러한 습관은 결국 자신이 무엇을 이루어내고자 하는지, 어떤 학습 내용이 나에게 필요하고, 나에게 맞는 공부 방법이 무엇인지 등을 점검하고 반성할 기회조차 없게 만듭니다. 또한 공부는 아이에게 습관화되는 것이 중요하므로 이를 위해 정해진 시간에 정해진 양을 공부하도록 계획표를 짜는 게 중요합니다. 따라서 계획을 잘 세우고 실천하기 위한 첫걸음인 계획 세우는 방법에 대하여 알아보고, 계획 세울 때의 유의 사항에 대하여 점검하여 자녀들에게 적절하게 지도하는 것이 필요합니다.

1. 자녀가 계획을 주도해야 함을 잊지 마세요.

계획표를 세울 때 중요한 점은 모든 계획의 주도자 및 실행자는 아이가 되어야 합니다. 부모님께서 계획표를 보실 때 마음에 들지 않아 바꾸고 싶더라도 아이가 스스로 할 수 있도록 충분히 기다려주세요. 만약 아이의 계획이 실패하더라도 부모님께서 바로 정답을 가르쳐 주시기보다 아이 스스로 잘못된 점을 파악하고, 고칠 수 있도록 대화로 유도해야 합니다. 이처럼 부모님께서 자녀의 계획에 지속적인 관심을 가지고 격려해 주신다면 아이에게는 큰 힘이 될 것입니다.

2. 학업과 생활을 함께 계획하세요.

계획표를 세울 때는 학업과 생활을 함께 계획해야 합니다. 아침 몇 시에 일어나고 언제 점심을 먹는지 등 자신의 전체적인 하루 생활을 계획표에 넣어야 규칙적이고 건강한 생활을 할 수 있습니다. 생활 리듬이 흐트러지게 되면 결국 학업에도 영향을 줍니다. 또한 학업 계획만을 세우게 되면 그 외의 시간을 의미 없이 보내거나, 불규칙적인 생활을 하여 오히려 학업에 방해를 주는 경우가 생깁니다. 따라서 학업과 생활을 적절하게 분배하여 자신에게 맞는 라이프 스타일을 찾을 수 있도록 학업과 생활 계획을 함께 계획표에 작성하세요.

3. 기간이 긴 계획을 먼저 세우세요.

계획을 세울 때에는 학기, 한 달 계획과 같은 기간이 긴 계획부터 먼저 세우고 기간이 짧은 주간, 일일 계획을 세우는 것이 좋습니다. 이렇게 계획을 세워야 전체적인 목표가 불분명해지지 않습니다. 또한 일일 계획을 다 실천하지 못했을 때 큰 숲에 해당하는 한 달 계획 또는 주간 계획에 맞추어 다음 날의 계획을 변경할 수 있기 때문에 효율적이고 집중도 있게 설정 목표를 달성할 수 있습니다.

4. 계획은 최대한 구체적이고 실천 가능한 내용을 작성하세요.

실천 불가능한 학습량이나 내용으로 계획을 세우게 되면 본인이 달성하지 못하였을 때 실패감을 느끼고 좌절하게 됩니다. 자주 계획을 달성하지 못하게 되면 계획 세우는 것이 무의미하다 느끼게 되고 결국에 계획을 세우지 않게 됩니다. 따라서 계획은 자신이 실천 가능한 내용과 양으로 작성하고, 구체적이고 세부적으로 작성해야 그것을 실행으로 옮길 때 헤매지 않고 할 수 있으며, 나아가고자 하는 목표에 적합한지 판단할 수 있는 내비게이션의 역할을 할 수 있습니다.

5. 계획을 세울 때 쉬는 시간이나 취미 활동 시간을 꼭 넣으세요.

실패하는 계획의 공통적인 특징은 모든 시간을 학업 시간, 일하는 시간으로만 채운 계획입니다. 조금의 쉬는 시간도 없이 너무 타이트한 계획을 세우게 되면 금방 지쳐서 다음 계획을 수행하지 못하게 되고, 공부 의욕도 떨어져 중도에 포기하게 됩니다. 쉬는 시간이나 좋아하는 취미 활동을 할 수 있는 시간을 적절하게 분배하여 여유 있게 계획표를 작성해 보는 것은 어떨까요? 몸과 마음이 쉴 수 있는 시간을 주는 것이 학습과 계획 수행에 도움이 된다는 사실을 잊지 마세요.

6. 계획을 세운 후 반드시 스스로를 평가하고 점검하세요.

계획을 세우는 것만큼 중요한 것이 계획에 대한 실천 내용을 점검하고 평가하여 수정하는 것입니다. 아무리 철저하고 빈틈없는 계획을 세웠다 하더라도 우리는 완벽하게 실행하지 못하는 경우가 반드시 생깁니다. 따라서 아이가 지금 계획을 잘 실천하고 이어나가고 있는지 스스로 평가하고 점검할 수 있도록 해 주세요. 스스로를 반성하고 보충하는 과정을 통해 자신의 약점을 파악할 수 있고, 이를 반영하여 다음 계획을 세울 수 있습니다.

한 학기 · 한 달(방학) 계획 세우기

　초등학교 단계에서는 1년 단위의 장기적인 계획보다는 한 학기 또는 한 달 단위의 계획을 세우는 것이 적합합니다. 이는 정해진 것이 아니라 자녀의 성향에 맞게 한 달 또는 한 학기 단위의 프로젝트를 실행하는 느낌으로 계획을 세우는 것이지요. 이번 학기(또는 한 달)에는 역사 과목에 대해 집중도 있게 공부하기 또는 수학 분수의 연산에 집중하기 등의 미션과 같이 계획을 세우고 이를 체크하고 점검합니다. 특히 방학과 같이 시간적 여유가 있을 때 목표를 설정하여 계획을 세우고 이를 달성하기 위해 어떠한 활동들을 해 보면 좋을지 구상하는 방법도 좋습니다.

　이때 중요한 것은 아이 스스로 필요성을 느껴 주제를 설정하고 목표를 세워야 합니다. 스스로 필요를 인식해야 계획 세운 내용들을 의미 있게 느끼고 즐거운 마음으로 임할 수 있기 때문이죠. 또한 계획 기간을 나타내고, 목표를 달성하기 위하여 어떠한 활동을 할 것인지 작성합니다. 이러한 활동들을 계획하면서 의지를 북돋을 수 있는 다짐도 적어 스스로를 격려하고 응원하는 것도 꼭 필요한 과정입니다.

계획을 세우고 실천에 옮긴 뒤에는 반드시 자신이 계획을 잘 수행했는지, 수행하는 과정에서 새롭게 알게 된 내용은 무엇인지, 계획을 수행하면서 아쉬웠던 점, 반성해야 할 점들은 무엇인지 평가하고 깨달은 내용을 다음 계획에 반영해야 합니다. 과정에 대한 성찰과 평가가 빠진 계획은 단순히 기록에만 집중된 계획일 뿐입니다. '계획 → 실행 → 반성 및 평가 → 반영 및 재계획'으로 구성되도록 하는 것이 중요함을 잊지 마세요.

예시

주 제	역사
나의목표	조선시대 역사 공부하기
계획 기간	3월 1일 ~ 3월 31일

어떤 활동을 할 것인가요?

- ☐ 조선시대 역사적 인물 보고서 만들기
- ☐ 조선시대 다큐 1편 보기
- ☐ 역사 박물관 가보기
- ☐ 학습한 내용과 사회 교과서 비교하기

♥나의 다짐 한마디 ♥

조선시대 역사에 대해
자세히 알고 노트에 기록하자!

활동 : 조선시대 역사적 인물 보고서 만들기		
알게된 점	**스스로 평가**	**반성할 점**
세종대왕 님은 훈민정음을 만댔다	♥♥♥	자료 조사 할 때 전기문을 읽으면 더 좋았을 것 같다.
활동 : 조선시대 다큐 1편 보기		
알게된 점	**스스로평가**	**반성할점**
궁에서 일어난 여러 사건들을 기록하여 놓은것이 조선왕조실록이다.	♥♥♡	다큐 감상문을 대충쓴것 같다.
활동 : 역사 박물관 가보기		
알게된 점	**스스로평가**	**반성한 점**
유관순 열사가 투옥되었던 곳은 어옥사이다.	♥♥♥	역사박물관에서 배운 내용을 배움노트에 잘 정리했다
활동 : 학습한 내용과 교과서 비교하기		
알게된 점	**스스로평가**	**반성할 점**
1919년 3·1운동 : 독립을 위한 평화적 대규모 만세운동	♥♥♡	교과서에 나온 사진자료 꼼꼼히 보기, 풀을 해결하기.

일주일
계획 세우기

　　일주일 계획 세우기를 위해서는 먼저 내가 일주일 동안 할 수 있는 구체적인 학습량을 먼저 어림해야 합니다. 처음으로 일주일 계획 세우기를 진행할 때에는 너무 많은 양을 잡기보다는 조금 여유롭게 할 수 있는 학습량을 설정하는 것이 좋습니다. 세운 계획이 처음부터 실패하게 되면 좌절감을 느껴 다시는 계획을 세우고 싶지 않을 수도 있기 때문이죠. 쉬운 학습 계획을 성취했을 때 성공 경험을 맛보게 되면 성취감을 느끼고, 점차적으로 학습량과 시간을 늘려나가는 것을 재밌고 즐거운 일로 느낄 수 있을 것입니다.

　　초등학교 3학년부터는 본격적으로 과목이 세분화되는 시기입니다. 국어, 수학뿐만 아니라 사회, 과학, 영어와 같은 주지과목들을 처음으로 배우게 되는 것이지요. 대체적으로 학생들을 보면 이때부터 좋아하는 과목, 싫어하는 과목이 분명하게 나뉘는 것 같습니다. 누구나 좋아하는 것을 할 때에는 즐겁게 참여하고 적극적이지만, 싫어하는 것을 할 때에는 소극적으로 되기 마련입니다. 따라서 아래 예시와 같이 자신이 좋아하는 과목과 싫어하는 과목을 1:1로 연결하여 계획표를 짜는 방법이 있습니다. 이렇게 공부하게 되면 덜 지루하게 공부할 수 있고 싫어하는 과목을 먼저 공부하더라도 좋아하는 과목이 기다리고 있으니 집중도 있게 임할 수 있습니다.

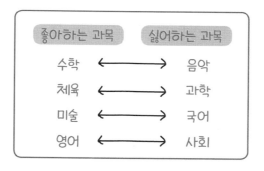

또한 매일 꾸준하게 해야 하는 공부는 우선순위를 두고 계획표를 작성합니다. 예를 들어 수학 계산과 독서와 같이 매일 해야 하는 공부들을 먼저 체크하는 것이지요. 그리고 추가적으로 해야 할 내용들을 요일마다 정하여 계획을 세웁니다. 주말에도 계획을 작성하여 계획을 세우고 실천하는 것이 하나의 습관이 되도록 하는 것이 중요합니다. 일주일 계획을 진행해 본 뒤에 아이 스스로 수행을 잘하였는지 평가하면서 자신의 학습량과 속도를 파악합니다. 이를 통해 아이 스스로 자신에게 맞는 학습 속도와 공부 방법을 찾아나가는 것이 주간 계획표를 세우는 것의 가장 큰 목표이자 습관화해야 할 요지입니다.

○○(이)의 일주일 계획표

매일 할 일	• 수학 학습지 2장 풀기 • 독서 30분 • 일기 쓰기	
요일	해야 할 일	평가
월	• 수학 인터넷 강의 듣기 • 음악 계이름 익히고 수행평가 숙제	⊙ ○
화	• 과학 숙제하기 • 체육 실내 운동 하기	○ ⊙
수	• 국어 문제집 2장 풀기 • 미술 작품 감상 소감문 쓰기	⊙ ⊙
목	• 영어 동화 2편 보기 • 영어 단어, 문장 3번 쓰기	△ ○
금	• 국어 문제집 2장 풀기 • 사회 1단원 교과서 복습하기	⊙ ○
토	• 수학 인터넷 강의 듣기 • 영어 단어, 문장 복습하기	⊙ ○
일	• 다음 주 일주일 계획표 쓰기 • 독서록 1편 쓰기	⊙ ⊙

⊙ : 공부한 것을 직접 설명할 수 있다.
○ : 한 번 더 봐야겠다.
△ : 이해가 어렵다. / 도움이 필요하다.

하루
계획 세우기

초등학교 교육의 가장 큰 목표가 무엇이라고 생각하시나요? 초등학교는 학생들이 기본 생활 습관과 기본 학습 습관을 기를 수 있도록 교육하고자 합니다. 학교는 아침 활동 시간부터 시작하여 1교시에서 6교시까지 정해진 수업 시간과 쉬는 시간이 있습니다. 이는 학생들이 학습 시간을 정해 놓고 집중하여 공부하는 것을 가르치고자 함이며, 이러한 것들이 습관화되는 것을 목표로 합니다. 따라서 초등학생의 하루 계획표에서 가장 중요한 것은 아이의 하루 일과의 전체 시간이 모두 담기도록 시간대별로 작성하는 것이 좋습니다. 이를 통해 아침에 일어나는 시간부터 저녁에 잠드는 시간까지 규칙적인 생활을 계획하고 이어나갈 수 있습니다.

자녀의 하루 일과는 어떻게 되나요? 자녀가 혼자서 하루 계획표를 세우기 어려워한다면 대화를 통해서 하루 일과 시간에 대하여 함께 분석해 보세요. 학생들의 하루 시간을 분석했을 때 학교 수업 시간과 방과 후 활동, 학원에서 공부하는 시간을 제외하고 나면 생각보다 자율적으로 공부할 수 있는 시간은 턱없이 부족합니다. 그렇다고 하여 이렇게 하루 종일 빡빡한 시간을 보내고 온 초등학생에게 집에서 저녁까지 공부를 시키는 것은 너무 가혹한 것이겠죠? 그렇다면 어떻게 하루 계획표를 작성해야 하는 것일까요?

　자기주도 학습은 학습에 대한 학생의 의지와 생각이 굉장히 중요합니다. 학교 수업이나 학원 수업은 계획표상에 공부하는 시간에 들어가지만, 실제로 의지가 없는 학생에게는 그저 그런 것이고 제대로 몰두하지 못하고 무의미한 시간일 수 있습니다. 따라서 그 시간들을 제대로 활용하려면 내가 학교 수업 및 쉬는 시간이나 학원 공부 시간에 어떠한 개념을 제대로 익힐 것인지 계획표에 적는 것도 좋은 방법입니다. 예를 들어 쉬는 시간 5분은 반드시 배운 내용에 대하여 교과서를 다시 읽고 복습하는 시간으로 활용하는 다짐을 적을 수도 있겠지요. 이렇게 미리 적어봄으로써 내가 그 시간에 무엇을 해야 하는지 깨닫고 시간을 생산적이게 사용할 수 있습니다. 집에 돌아와서는 학교와 학원에서 배웠던 많은 내용들을 복습하고, 다음에 배울 내용들을 간단히 예습하는 정도가 좋습니다. 많은 학생들이 학교, 학원 공부와 스스로 하는 공부를 별개로 두어 복습보다는 새로운 진도를 나가는 것에 집중하는 경우가 있는데, 이는 배운 내용을 스스로 내재화할 시간을 주지 못해 둘 다 놓치게 됩니다. 복습하는 시간을 먼저 충분히 할당하여 배운 내용을 내 것으로 만드는 것이 중요함을 잊지 마세요!

하루 계획표를 작성할 때에는 한 달, 일주일 계획보다 더욱 구체적으로 작성해야 합니다. 단순히 '수학 공부를 해야겠다.'가 아닌 '어떤 단원을 어떤 학습 자료의 페이지를 활용하여 얼마의 시간을 사용하여 공부할 것'인지 상세하게 계획합니다. 또한 계획표를 수행하는 과정에서 중간중간에 쉬는 시간을 반드시 주고, 시간에 쫓겨 마지못해 계획표를 실천하지 않도록 여유롭게 작성해야 합니다.

계획표의 마지막에는 오늘 꼭 해야 할 일, 내일까지 해야 할 일을 적어 스스로 기간에 맞추어 과제든 학습이든 진행 과정을 점검합니다. 오늘 수행하고자 했으나 못하거나 부족했던 내용은 그냥 넘기는 것이 아니라 다음 날 보충할 수 있도록 스스로 확인하고 다짐하는 과정 또한 중요합니다. 하루 계획표를 작성하는 시간은 10~15분 정도가 적당하며, 계획을 기록하는 과정에 너무 집중하지 않도록 해 주세요!

• 계획표 실시 전, 꼭 확인하세요!

- 하루 계획표 작성과 점검은 매일 하는 것이 아닙니다!

(매일 작성하면 힘들 뿐만 아니라 형식적이고 무의미한 활동이 되어버립니다.)

- 날을 정해서 규칙적이고 간헐적으로 진행합니다.

(쉬는 날을 지정하는 것이 스스로 자유롭게 시간을 계획하고 활용하는 과정에서 자기주도성이 많이 신장됩니다.)

- 구체적 작성, 충실한 진행, 사후 반성의 과정에 집중하는 것이 핵심입니다.

(가끔 진행하되, 목표를 얼마나 달성하고 자기관리에 충실했는지를 살펴보고, 노력한 과정을 적극적으로 격려해 주세요. 그리고 시간을 두고 다음에 또 진행하게 되었을 때, 피드백을 거친 보완된 하루 계획 평가가 되도록 이끌어 주세요.)

○○(이)의 열심히 사는 하루!		
		0월 0일 수요일

7:30~8:30	일어나서 아침 식사하고 등교 준비	
8:30~2:00 (학교별 상이)	학교생활	학교 도착해서 아침 독서 활동하기
		국어 시간 : 의견을 주장하는 글 알아보고 새로 알게 된 내용 배움 노트에 정리
		수학 시간 : 배운 내용 수학 익힘책(90쪽) 열심히 풀고, 오답노트 쓰기
		영어 시간 : 영어 챈트 큰 소리로 따라 부르기
		점심시간 : 모든 반찬 한 번씩은 꼭 먹기
		미술 시간 : 서예 작품 만들기
2:00~2:30	집에 와서 휴식 시간	
2:30~4:00	– 수학 학원 : 시험에서 틀렸던 문제 선생님께 여쭤보고 오답노트 쓰기, 소수의 덧셈과 뺄셈 수업 열심히 듣기 – 영어 학원 : 공책에 3단원 단어, 문장 3번 쓰고 외우기	
4:00~5:00	태권도 학원	
5:00~6:00	집에 와서 씻고 쉬기	
6:00~7:00	저녁 식사	
7:00~8:00	수학 학습지 2단원 10~12쪽 풀기	
8:00~9:00	영어 동화 보기(헨젤과 그레텔)	
9:00~10:00	취미 활동(TV 보기, 컴퓨터게임 하기)	
10:00~	꿈나라	
오늘 해야 할 일	수학, 소수 계산에서 소수점 위치 헷갈리는 부분 이해하기	**내일까지 해야 할 일** 체육 수행평가지
하루 평가	– 영어 3단원 단어, 문장 3번 쓰기를 다 못했다. 내일 계획에 넣어서 완성해야겠다. – 요즘 잠을 너무 늦게 잔다. 꼭 10시에 자기! 내일도 화이팅!	

교과서를 활용하기

"교과서 위주로 공부하고 학교 수업에 충실했어요."

흔히 수능 만점자, 우등생들의 인터뷰에서 자주 볼 수 있는 단골 문구입니다. 어떤 사람들은 믿을 수 없다고 하지만 공부 잘하고 자기주도적인 학생들은 교과서를 100% 활용하여 공부한다고 합니다. 저 또한 어렸을 때 교과서에 구멍이 생길 만큼 보고 또 보고 했던 기억이 납니다. 학교 선생님들 그리고 공부를 잘하는 우등생들은 왜 교과서를 중요하다고 하는 것일까요?

교과서는 공부 초보 학생들을 위한 가장 기초적인 기본서입니다. 공부가 익숙하지 않아 어떻게 공부해야 할지 막막하고 답답한 학생들은 교과서에 나온 내용들을 꼼꼼하게 읽는 것부터 시작해야 합니다. 교과서에 나오지 않은 내용은 절대 시험에 나오지 않습니다. 따라서 교과서의 내용을 자세하게 읽어보는 것만으로도 성적을 올릴 수 있습니다. 또한 교과서에 있는 사진, 그림, 그래프와 같은 많은 자료들은 철저하게 엄선된 교육적 자료들이므로 어휘력, 사고력, 독해력에 많은 도움이 됩니다. 더불어 교과서에는 교과 학습 내용 외에도 학생들이 알아야 할 관련 내용들을 만화, 인터뷰, 기사 등 다양한 형태로 실었습니다. 이런 내용들을 살펴보면 학습 내용뿐만 아니라 더 넓은 배경지식도 쌓을 수 있습니다. 그렇다면 모든 교과 학습의 근간이 되는 교과서를 활용하여 아이가 자기주도적으로 공부하게 만드는 방법은 무엇일까요?

방법 I 교과서를 세 번 이상 읽기

모든 공부는 교과서에 나온 내용들을 읽어보는 것부터 시작해야 합니다. 의욕에 앞서 학습 개념이 제대로 이해되지 않은 상태에서 문제 풀이를 하는 것은 바람직하지 않습니다. 충분히 학습 개념에 대해 이해하고 자기 것이 되었을 때, 이것을 확인하고 적용하는 문제 풀이에 들어가는 것이 맞습니다. 이해를 위하여 교과서를 처음으로 읽을 때는 전반적인 내용을 살펴보는 데 집중합니다. 두 번째 읽을 때에는 수업 시간에 선생님의 말씀을 듣고 필기한 내용을 살펴보고, 교과서에 나오는 사진과 도표 자료들까지 분석하며 꼼꼼하게 읽는 것이 좋습니다. 그리고 이해가 안 되는 부분과 중요한 부분을 점검하면서 공부합니다. 마지막으로 교과서를 볼 때에는 중요한 내용들을 노트에 적거나 입으로 소리 내어 말해 보면서 외우겠다는 의지로 읽어야 합니다. 더 나아가 내가 시험 문제를 출제한다면 어떤 부분들을 출제할 것인지 예측하면서 보는 것도 기억을 상기하는 데에 도움이 됩니다.

> 🏠 영균쌤 & 현미쌤의 코칭 포인트
>
> • 첫 번째 교과서 읽기 : 전반적인 학습 내용의 흐름 파악하기
> • 두 번째 교과서 읽기 : 수업 시간에 필기한 내용 및 교과서에 나오는 사진, 도표 자료까지 꼼꼼하게 분석하며 읽기
> • 세 번째 교과서 읽기 : 중요한 내용은 노트에 적거나 소리 내어 읽으면서 외우기(키워드 중심으로)

방법 2 핵심 단어 찾기, 질문 만들기

교과서를 읽으면서 중요하다고 생각되는 핵심 단어를 스스로 찾아봅니다. 빨간색 볼펜을 활용하여 이번 시간에 배우는 내용에서 가장 중요하다고 생각되는 내용들을 밑줄 긋거나, 나만의 중요 표시로 체크해 둡니다. 이렇게 핵심 단어나 문장을 찾으면 스스로 배운 내용을 정리할 수 있고, 표시한 핵심 단어들을 모아서 노트에 기록하거나 마인드맵으로 그려 활용할 수도 있습니다. 그리고 시험 기간에 다시 교과서를 보게 되면 무엇이 중요한지 한눈에 확인할 수 있습니다. 또한 교과서를 읽으면서 궁금했던 내용들을 질문으로 만들어 스스로 찾아보거나 수업 시간에 선생님께 여쭤보는 것도 적극적인 교과서 활용 공부 방법이며, 배운 내용을 더 오랫동안 기억할 수 있습니다.

- 교과서를 읽으면서 핵심 단어 찾고 나만의 중요 표시로 체크하기
- 교과서를 읽으면서 궁금했던 내용들은 질문으로 만들어 더 찾아보거나 선생님께 여쭤보기

예시

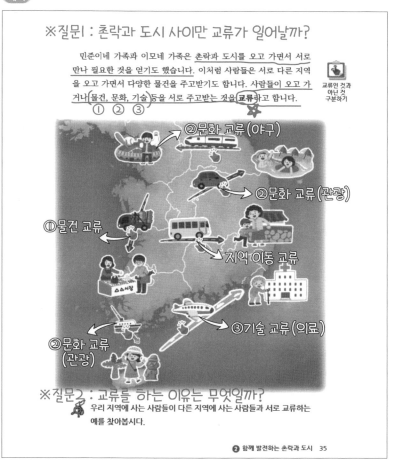

초등학교 사회 4-2 디지털 교과서, 1단원 촌락과 도시의 생활 모습, 34~35쪽

"선생님! 교과서는 왜 맨날 똑같은 내용을 여러 번 쓰게 하는 거예요?"

교과서로 수업을 하다 보면 학생들이 자주 하는 질문입니다. 교과서는 학생들이 배운 내용을 확인·적용하고 더 나아가 이를 활용하는 데까지 이끌기 위하여 많은 질문과 문제들로 구성되어 있습니다. 이를 위해 교과서의 문제들은 단편적으로 보기에는 똑같은 내용을 여러 번 쓰게 하는 것처럼 보이지만, 이러한 과정은 한 차시 안에서도 적용·심화로 나아가기 위한 발판인 것이지요. 따라서 교과서의 모든 물음에는 의미가 있으니, 하나도 놓치지 마세요!

오른쪽 교과서 자료 예시를 보면 3번 문항의 (1), (2)번은 이전에 배우고 조사했던 내용들을 확인하여 주장과 근거를 정하고, 이를 바탕으로 (3)번에서는 정한 내용들을 글의 짜임에 맞게 구성하도록 되어 있습니다. 이는 같은 내용을 쓰더라도 글의 짜임에 맞게 순서를 배치하고 정교화하는 작업을 하게 하기 위함이죠. 마지막 (4)번은 흐름에 맞게 정교화한 (3)번 내용들을 활용하여 실제 글쓰기를 해 보는 과제입니다. 이렇듯 교과서의 모든 물음과 문제들을 놓치지 않고 해결하여야 학습 목표에 도달할 수 있습니다. 만약 교과서에서 아이가 정말 확실하게 알고 있는 문항들일지라도 계속 점검하게 하려면, 입으로라도 소리 내어 답을 꼭 말해 보도록 하는 것을 추천합니다!

3. 지난 시간에 조사했던 실태를 바탕으로 하여 올바른 우리말 사용을 주제로 글을 써 봅시다.

(1) 주장은 무엇으로 정하는 것이 좋을까요?

주장	

(2) 조사했던 실태 가운데에서 주장과 관련이 있는 근거는 무엇인가요?

근거	• • •

> 주장에 대한 근거를 들 때에는 자료를 제시하거나 구체적인 사례를 들어 설명하는 방법이 있어요.

(3) 글로 쓸 내용을 정리해 보세요.

제목	
서론	
본론	
결론	

(4) 올바른 우리말 사용을 주제로 글을 써 보세요.

초등학교 국어(나) 6–1 디지털 교과서, 7단원 우리말을 가꾸어요, 252~253쪽

🏠 영균쌤 & 현미쌤의 코칭 포인트

• 교과서 물음 순서에 따라 모든 문제 해결하기!

• 확실하게 알고 있는 내용이더라도 물음에 대한 답을 소리 내어 말해 보기

오답노트를
활용하기

"우리 아이가 틀린 문제 유형을 또 틀린다면 어떻게 해야 할까요?"

　많은 부모님들께서 아이가 문제를 풀거나 시험을 볼 때 같은 유형의 실수를 반복하는 경우, 잘 못하는 과목에 시간을 많이 투자하여 공부하였지만 성적이 오르지 않는 경우를 가장 많이 걱정하십니다. 이럴 때는 어떻게 공부를 하도록 지도해야 할까요? 이를 해결할 수 있는 가장 효과적인 방법은 오답노트를 작성하는 것입니다.

　오답노트는 학생 스스로 틀린 문제를 되짚어 보면서 틀린 이유를 분석할 수 있습니다. 또한 문제를 분석한 후 다시 풀어보는 과정에서 내가 몰랐던 개념을 재정리하고 확인하여 자신의 것으로 만들 수도 있습니다. 특히 공식을 문제에 적용하고 사고해야 하는 수학 과목에서 오답노트 작성은 필수입니다. 문제 풀이 과정에서 내가 어떤 부분에 취약한지, 또는 출제자의 의도를 잘못 해석했는지의 여부를 파악할 수 있기 때문입니다. 따라서 제대로 오답노트를 작성하고 활용하는 방법에 대하여 알아봅시다.

1. 문제는 효율적으로 간단하게 적기

학생들이 오답노트를 작성하는 것을 힘들어하는 이유는 오답노트를 쓰는 행위에만 집중하기 때문입니다. 틀린 문제의 모든 내용을 공책에 옮겨 쓰고 선생님의 설명을 다시 추가하고, 거기다가 글씨까지 색색의 볼펜으로 예쁘게 표시하는 과정을 거치면 오답 한 문제를 쓰는 데도 시간이 오래 걸리고 에너지가 소비될 것입니다. 따라서 오답노트를 예쁘게 쓰는 것에 집중하는 것이 아니라, 오답노트를 다시 봤을 때 스스로 이해할 수 있는 수준에서 문제와 풀이 과정을 효율적으로 적어야 합니다.

2. 문제에서 요구하는 출제자의 의도 파악하기

모든 문제에는 출제자의 의도가 담겨 있습니다. 특히 문장제 문제 같은 경우에는 출제자의 의도를 숨기기가 아주 좋습니다. 이러한 문제를 읽고 핵심 단어를 표시하여 출제자의 의도를 파악해 보세요. 문제 푸는 시간을 단축할 수 있습니다.

3. 문제를 틀린 이유를 반드시 적기

오답노트를 쓰면서 내가 어떤 이유로 이 문제를 틀렸는지 반드시 분석합니다. 문제를 잘못 읽은 것인지, 계산 과정에서 오류를 범했는지, 공식이 떠오르지 않았다든지 또는 처음 보는 문제였는지 등 오류의 이유를 파악해야 합니다.

4. 올바른 풀이 과정은 스스로 적기

틀린 문제의 올바른 풀이 과정을 답안지에서 바로 오답노트에 베껴 적는 것은 도움이 되지 않습니다. 문제 풀이가 잘 이해되지 않을 경우 연습장에 답안지의 풀이 과정을 따라 적어보고, 오답노트에는 그것을 보지 않고 스스로 적어보세요.

5. 관련 개념 정리하기

문제를 틀린 이유에 해당하는 개념을 교과서나 참고서에서 찾아 정확히 이해하고 이를 노트에 필기해 둡니다. 이때에도 관련 개념을 적는 것에 치중하지 않고, 확실하게 이해하는 데에 중점을 두세요. 다시 오답노트를 볼 경우를 대비하여 간단한 예시를 적어두는 것도 좋습니다.

6. 반복하여 복습하기

오답노트를 한번 작성했다고 틀린 문제가 온전히 내 것이 되지 않습니다. 무엇보다 반복하여 틀린 문제를 확인하는 것이 중요합니다. 복습 체크 칸을 활용하여 틀린 문제를 주기적으로 다시 풀어보세요.

예시

○○(이)의 오답노트

교재(쪽)	단원	처음 푼 날	복습 체크	
수학 교과서 87쪽	4. 비례식과 비례배분	9월 1일	9월 4일	9월 15일

문제	①간단히 적기 텃밭에서 배추 63포기 수확함. 가족 수에 따라 나누어 주려함. 지혜네 가족은 4명, 준기네 가족은 5명. 배추를 각각 몇 포기씩 나누어 주어야 하는지? ②출제자 의도
틀린 이유③	비례배분 하는 방법을 모름
올바른 풀이 과정④	(1) 총 배추 포기 : 63포기 (2) 지혜네 가족 : $63 \times \dfrac{4}{4+5} = 63 \times \dfrac{4}{9} = 28$포기 (3) 준기네 가족 : $63 \times \dfrac{5}{4+5} = 63 \times \dfrac{5}{9} = 35$포기
관련 개념⑤ 정리	• 비례배분 : 전체를 주어진 비로 배분하는 것 • 방법 : 주어진 비의 전항, 후항의 합을 분모로 하는 분수의 비로 나타내어 계산 예) 빵 9개를 1 : 2로 비례배분 $9 \times \dfrac{1}{1+2} = 3$ $9 \times \dfrac{2}{1+2} = 6$

오래 기억하는 방법

"선생님! 배운 내용을 오래 기억하는 비법 있나요?"

열심히 공부하고 달달 외웠더라도 막상 시험을 보거나, 발표를 할 때 기억이 나지 않아 당혹스러웠던 경험은 누구나 있을 것입니다. 왜 기억이 나지 않는 것일까요? 이는 단기기억과 장기기억으로 설명할 수 있습니다. 단기기억은 우리가 주문을 하기 위하여 전화를 걸 때, 음식점 전화번호를 잠깐 동안만 외우고 잊어버리는 것처럼 적은 양의 정보를 짧은 시간 동안 기억하는 것을 의미합니다. 반대로 장기기억은 어렸을 적 겪었던 특별한 경험을 오랜 기간 또는 평생 기억하는 것을 의미합니다. 장기기억은 단기기억과 달리 많은 양의 정보를 시간제한 없이 저장할 수 있습니다.

자기주도적인 학생들은 배운 내용을 효과적으로 조직화하여 단기기억에서 장기기억으로 승화시키는 능력이 탁월하며, 이를 적재적소에 활용할 줄 압니다. 아이들이 학습 내용을 기억하고 스스로의 것으로 저장하기 위해서는 다양한 전략을 활용하여 외우는 방법을 알려주고 습관화하는 것이 필요합니다.

1. 잠들기 전 시간을 사용하기

잠들기 전 30분이 기억력 향상에 도움이 된다는 말을 들어보신 적 있나요? 잠자기 전 치킨 먹고 싶다는 생각을 하면 다음 날 아침 눈 뜨자마자 치킨이 떠오른 경험이나, 자기 전에 봤던 드라마 주인공이 꿈에 나오는 경험 한 번쯤은 다들 있을 겁니다. 이렇듯 자기 전에 무엇을 보거나 생각하는 것은 기억을 오래 지속할 수 있는 방법 중 하나입니다. 자녀에게 잠자기 전 30분 동안 그날 배운 학습 내용에 대해 총체적으로 읽어보고 복습하는 시간을 갖도록 지도해 보세요. 조금 더 쉽게 암기하고 오래 기억할 수 있을 것입니다.

2. 청킹(덩어리 짓기) 활용하기

청킹이란 주어진 내용을 의미 있게 연결해 나가는 방법을 뜻합니다. 예를 들어 발음할 때 목청이 울리는 소리에 해당하는 자음 ㄴ, ㄹ, ㅇ, ㅁ을 외울 때, '노란 양말'로 기억에 남게 외우는 방법이 있습니다. 외울 내용이 많다면 청킹을 활용하여 효과적으로 기억해 보세요! 그러나 학습 내용에 대한 이해가 선행되지 않은 청킹은 의미 없는 암기이므로 지양해야 합니다.

3. 스토리텔링 활용하기

이야기하는 것처럼 내용을 풀어나가는 스토리텔링은 교사들이 수업할 때 많이 사용하는 방식입니다. 스토리텔링을 활용하면 아이들의 흥미와 관심을 불러일으킬 수 있고, 이러한 흥미와 관심은 장기적인 기억으로 이어지기 때문이죠. 잘 외워지지 않는 것이 있다면 나만의 이야기를 지어서 외워보세요. 임진왜란 발생 연도인 1592년이 잘 외워지지 않는다면, "전쟁이 났는데 일오구 이쓸(이러고 있을) 때가 아니야~"로 외운다면 더 쉽게 기억할 수 있습니다.

4. 실생활과 연계하여 외우기

배운 내용을 실생활 및 경험과 관련지어 연상하거나 연계한다면 기억력의 효과를 높일 수 있습니다. 흔히 학생들이 한국전쟁을 북침이라고 생각합니다. 하지만 한국전쟁은 북쪽에서 남쪽을 침범했으므로 남침에 해당합니다. 이를 실생활 경험인 똥침을 떠올려서 연상해 보세요. 나의 손이 항문(똥X)을 침범했으므로 똥침이라는 단어가 생긴 것이니까요! 이렇게 기억한다면 절대 남침과 북침이라는 단어를 헷갈리지 않을 수 있습니다.

● 더 활용할 수 있는 기억법!

　– 오감을 활용하여 외우기 : 손으로 쓰면서 입으로 소리 내어 읽고 귀로 듣는다면 다양한 감각들이 기억력을 향상시켜 줍니다

　– 기간을 정해 놓고 반복하여 외우기 : 처음 공부하고 1시간 뒤, 1주일, 2주일, 한 달 뒤 등 기간을 정해 놓고 복습하며 외우세요.

- **외울 내용을 시각화하기** : 연관된 내용을 생각 그물, 한 컷 그림 (비쥬얼 씽킹)으로 나타내면서 외우세요.
- **학습 자료를 다양화하기** : 책, 신문, 미디어, 영화 등 다양한 학습 자료를 활용하여 복습하세요.
- **예시와 함께 외우기** : 영어 단어를 외울 때 문장과 함께 외우기, 학습 개념과 관련된 예시를 외운다면 더욱 오래 기억할 수 있습니다.

함께 약점
파악하기

"우리 아이의 약점은 무엇인가요?"

학생 스스로 본인의 약점을 인지하는 것만큼 부모가 자녀의 생활 습관, 학습 계획과 실행에서 부족한 점을 객관적으로 파악하는 것은 중요합니다. 이를 통해 자녀가 마주하는 여러 문제를 부모가 이해하고 앞으로 해결할 방법을 모색할 수 있기 때문입니다.

만약 자녀 스스로 자신의 약점과 학습 결과에 대해 객관적 판단이 가능하다면 아이 혼자 힘으로 새로운 전략과 해결 방안을 이야기하고 수정하도록 지켜봐 주세요. 하지만 자녀 스스로 판단을 하지 못한다면 부모의 간접적 개입이 필요합니다. 이때 부모가 먼저 자녀의 학습 결과에 대해 판단하고 결론지어 해결책을 통보하는 방법은 절대 금물입니다! 부모의 역할은 자녀 스스로 자신에 대해 되돌아볼 수 있는 질문을 하여 함께 고민하고 같이 방법을 찾을 수 있도록 안내하는 것입니다.

> **함께 약점을 파악할 수 있는 질문**
>
> - 학습 문제 풀이하는 데 시간이 부족하지는 않았니?
> - 어떤 학습을 할 때 가장 재미없다는 생각이 들었니?
> - 그런 부분이 왜 재미없다고 느꼈을까?
> - 규칙적으로 지켜지지 않은 부분이 있니?
> - 어떤 점이 공부에 방해가 된다고 생각하니?
> - 어떤 책이 공부하기 쉬웠니? (또는) 어떤 책이 공부하기 어려웠니?
> - 세운 학습 계획을 진행할 때 어떤 부분이 가장 어렵고 지키기 힘들었니?

자녀와 함께 대화를 통해 약점을 파악했다면 해결 방안도 같이 찾으면서 약점 요소를 하나씩 하나씩 없애야 합니다. 학습 교재가 자녀에게 적합하지 않았다면 함께 서점에 가서 자녀가 원하는 문제집을 고르는 방법, 학습 시간 설정을 잘못했다면 시간을 줄이거나 늘려나가는 방법, 학습량이 너무 많았다면 처음에는 쉽게 해결할 수 있는 학습량을 설정하고 익숙해지면 늘리기 등이 있습니다.

만약 이러한 시도와 노력에도 불구하고, 아이가 학습 수행을 이어나가지 못하고 실패하였더라도 혼내거나 질타하는 것은 안 됩니다. 이는 아이를 의기소침하게 만들고 자신감을 하락하게 만들기 때문입니다. 부모가 포기하지 않고 끊임없이 질문하고 함께 고민하여 해결 방안을 찾기 위해 노력하는 모습을 아이에게 보여주세요.

칭찬과 보상

"칭찬은 인간의 정신에 비치는 따스한 햇살과 같아서
칭찬 없이는 인간이 자라날 수도, 꽃을 피울 수도 없다."
-제스 레어-

아이들이 무엇을 잘했을 때 칭찬을 하시나요? 하루에 한 번 이상 아이에게 칭찬을 하고 있으신가요? 많은 부모님들께서 아이에게 칭찬을 자주 해 주고 싶지만 막상 그렇지 못하고 있는 것 같다고 이야기를 하십니다. 부모의 조언과 칭찬은 아이를 앞으로 나아가게 하는 요소이자 성장할 수 있는 원동력을 주는 양분입니다. 칭찬을 받게 되면 우리의 감정은 기쁨으로 가득 차게 되고, 무엇이든 잘 해낼 것 같은 힘을 내도록 해 줍니다. 이뿐만 아니라 칭찬을 많이 받은 아이들은 자아존중감과 만족감이 높으므로 매사에 자신감을 가지고 추진하며, 자기 자신을 소중하게 여길 줄 아는 사람으로 성장합니다.

교육심리학자인 레프 비고츠키(Lev S. Vygotsky)는 스캐폴딩(Scaffolding)의 중요성을 강조하였습니다. 스캐폴딩이란 아이가 현재의 수준을 뛰어넘어 한 단계 위의 수준으로 도달하기 위해서는, 적절한 자극과 새로운 정보를 제공해야 함을 의미합니다. 부모가 지속적으로 아이에게 칭찬 자극, 인지적 자극, 그리고 흥미와 수준을 고려한 정보를 제공해 줌으로써 아이는 자기주도적 학습을 이어나갈 수 있습니다. 자기주도적 학습 습관은 아이 혼자의 힘으로 익히게 되는 것이 아니라 부모의 사랑과 칭찬, 관심을 통하여 형성하게 되는 것이죠.

그렇다면 아이에게 어떻게 칭찬을 해 주어야 하는 것일까요? 아이를 자기주도적으로 학습할 수 있게 만드는 칭찬은 무엇일까요?

우리 아이 제대로 칭찬하는 방법

1. 아이의 행동을 칭찬하기

구체적으로 칭찬해 줄 행동을 언급하세요.

- 시간을 잘 지켜서 수학 공부를 시작했구나!
- 우와~ 우리 OO(이)는 허리를 펴고 정말 바른 자세로 책을 읽고 있구나!
- 틀린 문제와 이유를 적으면서 꾸준하게 오답노트를 작성하였구나!

2. 결과가 아닌 과정을 칭찬하기

결과에 대한 칭찬은 아이에게 부담감을 줍니다. 무엇을 잘했다는 칭찬보다는 아이가 애쓴 노력과 과정을 바라봐 주세요.

• 네가 전보다 이런 점에서 더욱 성장했고, 긍정적으로 변한 것 같구나!

• 그동안 아침에 일찍 일어나서 공부하는 게 어려웠을 텐데, 우리 ○○(이)는 끈기를 가지고 해냈구나!

3. '아이' 중심 칭찬하기

"네가 공부를 열심히 해 주니 엄마의 마음이 놓이는구나."와 같이 부모 중심 칭찬은 아이가 항상 부모의 마음에 들어야 한다는 압박을 줄 수 있습니다. "오늘 학습 계획표를 다 지켰다니 정말 뿌듯하고 기분이 좋겠구나!"와 같이 아이의 기준에서 칭찬하는 것이 효과적입니다.

4. 비교하지 않는 칭찬하기

"우리 ○○(이)는 옆집 □□(이)보다 수학 시험 더 잘 보다니 대단해 ~"와 같은 비교가 섞인 칭찬은 아이에게 다른 사람보다 잘해야 한다는 경쟁심을 갖게 만듭니다. 우리 아이의 성장에만 초점을 두고 칭찬하세요.

5. 일관성 있는 태도와 적절한 타이밍에 칭찬하기

일관성 없는 칭찬은 아이에게 혼란을 줄 수 있습니다. 아이가 잘

했을 때 바로 적절한 칭찬을 해 주세요.

6. 온몸으로 칭찬하기

아이에게 감탄의 눈빛 보내기, 포옹하기, 어깨 다독여 주기 등 스킨십을 활용하여 칭찬해 주세요. 칭찬 효과는 두 배가 될 것입니다.

아이가 바람직한 행동을 했을 때 부모가 이를 알아봐 주고 칭찬과 함께 적절한 보상을 해 주는 것도 중요합니다. 보상 또한 아이의 내적 동기를 향상시킬 수 있게 해 주고, 바람직한 행동을 습관화하게 하므로 잘 활용하면 좋은 자극으로 작동합니다. 하지만 칭찬 외의 보상을 할 때에는 주의할 점이 있습니다! 부모가 지킬 수 있는 실천 가능한 약속을 해야 하며, 물건이 아닌 가족과 함께하는 일로 보상을 해 주는 것이 좋습니다. 예를 들어 아이가 어떠한 행동을 잘했을 때 가족과 함께 놀러 가기, 맛있는 것 먹기 등으로 보상을 해 주어 가족 간의 긍정적인 관계를 형성하는 데 도움이 되면 더욱 좋습니다. 하지만 진정한 보상의 효과가 아이에게 좋은 영향을 미치고 지속적으로 발휘되려면, 부모의 관심과 격려 그리고 진심이 가득 담긴 인정이 함께 해야 할 것입니다. 오늘부터 우리 아이에게 진심 어린 인정과 응원을 보내보는 것은 어떨까요?

Part 4

교과별
자기주도 학습

국어 교육과정 훑어보기

앞에서는 전체적인 측면에서 자기주도 학습 습관을 기르는 법을 알아보았습니다. 지금부터는 조금 더 구체적으로 접근하여 각 과목별로 어떻게 학습하면 좋은지에 대해서 탐구해 보려고 합니다. 자기주도 학습의 전체적인 흐름은 같지만, 각 과목별 특성과 학습 방법의 차이가 존재하지요. 우리 부모님들이 또 한 명의 교육 전문가가 되시길 바라는 마음을 담아 교과별 교육과정 설명을 담아보려고 합니다. 어렵게 접근하기보다 우리 아이들이 학교에 가서 어떻게 어떠한 내용을 공부하는지, 학년별 내용과 난이도는 어떻게 바뀌어나가는지 가늠해 보세요. 그리고 각 학년군별로 무엇을 중시하면 좋을지에 대해서도 생각해 보세요.

초등학교 국어 교육과정

영역 구분				
듣기, 말하기	읽기	쓰기	문법	문학

초등학교 국어 교과서는 1학년부터 6학년까지 전 학년에 걸쳐 진행됩니다. 영역은 총 5개로서 각 영역을 구분하고, 각 영역의 내용이 모두 교과서에 담길 수 있도록 모든 학년에서 적절한 난이도로 내용을 선정하고 배치해 두었습니다. 각 영역의 내용을 학습함으로써 자신의 생각과 감정을 표현하며 국어 문화를 느끼고 의사소통 역량을 신장할 수 있도록 하였습니다. 한 학년, 학기 안에 일부 내용이 집중되어 있는 것이 아니라 모든 영역의 내용이 초등학교 6년간, 총 12학기 안에 골고루 배치되어 반복학습이 이루어집니다.

학년군별 성취기준

학년군	성취기준
1~2학년군	취학 전의 국어 경험을 발전시켜 일상생활과 학습에 필요한 기초 문식성을 갖추고, 말과 글(또는 책)에 흥미를 가진다.
3~4학년군	생활 중심의 친숙한 국어 활동을 바탕으로 하여 일상생활과 학습에 필요한 기본적인 국어 능력을 갖추고, 적극적이고 능동적인 의사소통 태도를 생활화한다.
5~6학년군	공동체·문화 중심의 확장된 국어 활동을 바탕으로 하여 일상생활과 학습에 필요한 국어 교과의 기초적인 지식과 역량을 갖추고, 국어의 가치와 국어 능력의 중요성을 인식한다.

예전에는 각 학년을 구분하여 교육과정을 구성하였지만, 현재는 발달 특성에 따라 2개 학년씩 묶어 학년군으로 서술하고 있습니다.

각 학년의 아이들이 언어를 얼마나 활용할 수 있는지에 따라 내용이 달라지지요. 학교 교육을 통해 어떠한 목표에 도달하여야 하는가를 설명한 것이 '성취기준'이라고 하는데, 모든 교육, 수업은 이 성취기준을 중심으로 계획되고 진행된답니다. 성취기준이 문장으로 쓰여 있으니 감이 잘 안 오시지요? 조금 더 이해가 쉽도록 아래에 내용을 중심으로 설명드려 봅니다.

국어 교육 단계 예시

학년군	말하기 · 듣기 영역	
1~2학년군	인사말	집중하며 듣기
3~4학년군	회의	요약하며 듣기
5~6학년군	토의, 토론	추론하며 듣기

학년이 올라감에 따라 내용이 어떻게 발전되어 가는지 느껴지시나요? 여기서는 듣기 · 말하기 영역의 극히 일부 내용만 가져와 봤습니다만, 모든 영역의 모든 요소들이 이와 같이 체계적으로 이루어져 있답니다. 만약 국어 교육과정 체계가 더 궁금하신 분은 포털 사이트에 초등학교 국어 교육과정이라고 검색해 보시면 자세한 내용을 확인하실 수 있습니다.

국어 교육과정에 대해서 설명드렸지만 반드시 이에 대해서 부모님이 이해하거나 외워야 하는 것은 아닙니다. 다만 나이에 따라 어떠한 요소들을 강조하고 있는지 알고 있는 것만으로도 학교 교육 외에 가정 학습, 자기주도 학습 과정에 큰 도움이 됩니다. 예시로 적어 둔 말하기 교육 내용 중에서도 1~2학년의 자녀에게는 인사말에 대해 집중적으로 탐구해 보거나, 3~4학년의 자녀가 있는 가정에서는 가족회의를 자주 진행해 볼 수 있겠지요. 5~6학년의 자녀가 있는 가정에서는 어떠한 문제에 대해 가족 토의, 가족 토론 시간을 가져 보며 교과 학습 효과를 증진시킬 수 있답니다. 이제 본격적으로 국어 교과를 자기주도적으로 학습하는 방법에 대해 알아보러 가볼까요?

자기주도
국어 공부법-듣기 · 말하기

　국어 영역은 총 5개로 이루어져 있다고 말씀드렸습니다. 각 영역별로 중요시하는 요소와 학습 방법이 조금씩 다르므로, 영역별 특성을 고려하여 자기주도 학습 방법에 대해서 이야기해 보겠습니다. 기본적인 학습과 관련된 방법, 그 외에 일상생활이나 가정에서 실천해 보면 좋은 지도 방법 등을 종합적으로 안내할 예정입니다. 천천히 읽어보시고 자녀의 나이, 학습 상태, 특성에 맞게 조금씩 변형하셔서 꼭 활용해 보시길 추천드립니다.

　초등학생에게 듣기 · 말하기란 쉬우면서도 어려운 요소입니다. 아이들이 느끼는 언어란 나도 모르게 얻은 능력이므로 그 자체에 대해서 어렵게 생각하지는 않습니다. 하지만 학교 수업 시간에 자신의 생각을 논리정연하게 발표해야 하거나, 학교생활에서 타인의 이야기를 귀담아 듣고 자신의 감정을 전달해야 하는 상황 등에서는 말문이 턱 막히며 어려워하기도 하지요. 때로는 올바른 듣기·말하기를 실천하지 못해 친구와 다툼이 일어나기도 한답니다. 따라서 부모님들은 아이들이 자기주도성을 길러 자신의 언어 습관을 조절할 수 있도록 몇 가지 지도를 해 주시면 좋답니다.

방법 l 논리정연하게 말할 기회를 주세요!

아이들의 평소 대화 습관을 보면 "그거 있잖아."라며 대상을 뭉뚱그려 이야기하거나, "엄마가 해 줘."라며 부모님이 알아서 척척 자신의 말을 이해해 주길 바랍니다. 특히 아이들이 무언가 욕구가 생길 때 이러한 현상이 더 강해지는데, 부모님들은 그럴 때일수록 아이가 더욱 확실하게 자신의 의사를 표현할 기회를 주세요.

무엇을 원하는지, 어떠한 생각을 가지고 있는지 육하원칙에 따라 차근차근 말할 수 있도록 기회를 주세요. 만약 아이가 자신의 생각을 말하기 어려워한다면 '무엇을 원하니?', '왜 원하니?' 등과 같이 꼬리 질문을 달아가며 하나씩 말할 수 있도록 하면 좋습니다. 대상이나 의도를 뭉뚱그려서도 안 되며, 자신의 생각이 상대에게 잘 전달되도록 차분히 이야기할 수 있게 연습시켜 주세요. 아이의 수준이 높아지면 이후에는 존댓말로 발표하듯이 말하는 연습을 하도록 해 주면 더욱 좋습니다.

국어 교과서에서도 자신의 감정 전하기, 생각 표현하기, 공식적인 장소에서 말하기 등을 가르칩니다. 학교에서보다 가정에서 평소에 얼마나 자신의 것을 겉으로 표현해 봤는지가 더욱 큰 영향을 끼친답니다. 자신의 생각과 말하고자 하는 인지 과정을 조절하며 대화를 주도해 나갈 수 있는 능력을 키워주면 좋답니다.

- 육하원칙을 활용하여 논리정연하게 말하기
- 뭉뚱그려서 말해도 되짚고 넘어가기
- 공식적인 말하기 시간 갖기(발표 연습)

방법 2   가족 간의 공식적인 자리를 만들어보세요!

아이들에게 말하기란 그다지 어렵지는 않습니다. 하지만 아이들이 발표를 어려워하는 이유는 공식적인 말하기가 익숙하지 않아서이지요. 따라서 가족끼리 어떠한 안건을 정하거나 계획을 마련할 때, 공식적인 자리처럼 꾸며서 진행해 보세요. 형식적이게 느껴져도 괜찮습니다. 우리 가족이 마주하고 있는 문제는 무엇인지 발표하고, 부모님부터 자녀까지 한 명씩 모두 자신의 의견을 말하는 가족회의 시간을 운영해 보세요. 부모님도 존댓말을 사용하며 자녀의 의견을 물어주시고, 자녀의 의견에도 적극적으로 공감해 보세요. 자녀의 의견에 반대 의견을 제시해 보시고, 반대로 자녀도 부모님께 적극적으로 반대 의견을 제시하게 해 주세요. 단, 이때도 반드시 부모님은 자녀의 의견을 정중하게 받아들이고 존중하며 답변하셔야 합니다.

　이러한 가족회의 시간은 자녀가 의사소통 역량을 기르는 아주 좋은 기회가 될 것입니다. 또한 가족의 안건에 자신들의 의견이 반영되고, 부모님은 자녀를 존중해 준다는 신뢰가 생겨 관계 형성, 공동체 의식 형성이 자연스레 된답니다. 한 달에 한 번, 어렵다면 분기당 한 번이라도 좋습니다. 자녀가 공식적인 상황에서 자신의 생각을 말할 수 있도록 해 주세요. 그리고 말하기에 부담을 갖는 자녀라면 우선 자녀의 말에 무조건 먼저 호응하고 맞장구를 쳐주다 보면 아이는 말하기에 대해 점점 부담을 없앨 수 있답니다!

• 가족회의 실천하기
• 자녀의 의견에 존중하는 표현하기
• 말하기에 부담을 갖는 자녀가 하는 말에는 열심히 호응하여 자신감 높여주기
• 공동체 의식 길러주기

방법 3　잘 듣고 공감하는 것도 능력입니다!

　현대 사회에 인간이 로봇보다 뛰어난 것은 의사소통 능력과 협업 능력, 그리고 공감 능력이라고 합니다. 그만큼 미래 사회에는 공감할 수 있는 인재가 더욱 각광받겠지요. 아이들은 어릴수록 타인의 이야기를 귀담아듣지 않고, 자신의 입장만 내세우기 바쁘답니다. 아

직 말하고자 하는 욕구가 강하고, 기다리는 과정을 조절하는 능력이 부족한 것이지요. 따라서 평소에 아이들이 다른 사람의 이야기를 귀담아듣고, 공감하는 것에 대해 강조해 주세요.

귀담아듣는다는 것은 상대가 어떠한 이야기를 하고 있는지 이해하려고 노력하는 것입니다. 부모님께서는 일상 속에서 이야기를 나누시다가, 생각해 봄 직한 거리가 있는 주제가 나왔을 때에 자녀에게 '너는 어떻게 생각하니?'라고 물어주세요. 아이가 부모님의 말을 잘 들었는지, 그것에 대해 얼마만큼이나 동의 / 반대하는지, 핵심을 잘 파악했는지를 알아볼 수 있답니다.

그리고 아이들에게 공감의 자세와 태도, 반응에 대해서 중요성을 말해 주세요. 상대의 눈을 마주 보는 것, 상대의 말에 고개를 끄덕이는 것과 같은 비언어적 행동이 가지는 힘을 느끼게 해 주세요. 또한 '우와!', '어머!', '좋다!' 등과 같은 간단한 호응 방식을 직접 보여주거나, 상대의 의견에 감사를 표현하는 것이 얼마나 매력적인지 알려주세요.

마지막으로 대화를 할 때 자신의 의견을 바로 이야기하기보다, 잠깐 참고 상대의 말이 끝날 때까지 기다렸다가 말하는 훈련을 시켜주세요. 언어를 조절하고 표현의 욕구를 참는 과정은 자기주도 언어 능력을 키우는 방법이며, 의사소통과 공감 역량을 겸비한 인재가 되는 지름길이랍니다.

- 생각해 볼 거리가 있는 대화를 통해 생각 묻기
- 자녀의 의견에 꼬리 질문 달기
- 상대의 말에 공감하는 말과 행동 가르쳐 주기
- 상대의 말이 끝날 때까지 기다리는 습관 길러주기

자기주도
국어 공부법-읽기

한 명의 사람이 살아가면서 끊임없이 언어를 활용합니다. 듣기와 말하기가 가장 많이 활용되는 것 같지만, 무수히 많은 정보를 눈으로 습득하는 읽기 또한 매우 중요합니다. 앞으로 자료의 디지털화가 가속화되면서 산더미 같은 내용 속에서 필요한 것만 알차게 뽑아내는 능력이 더욱 강조되겠지요. 읽는다는 것은 단순히 정보를 습득하는 것을 뛰어넘어 텍스트를 통해 대상을 인식하고 이해하는 것을 말합니다. 아이들이 단순히 글자를 보는 것이 아니라 글을 통해 이해하고 느끼고 소통하는 것이 있어야 한다는 뜻이지요.

따라서 자기주도 읽기가 무엇이냐고 묻는다면 아이가 글을 자신의 세계와 연결 지어 나가는 것이며, 그 안에서 또 다른 인지 체계를 주체적으로 만들어 나가는 것이라고 말할 수 있겠습니다. 다양한 읽기 전략을 활용하여 주어진 텍스트를 자기의 방식대로 이해하고 적용해 보는 것, 그리고 그 읽기 전략을 활용하고 평가해 보며 자신에게 맞는 방법을 찾아나가는 것입니다. 아래에서 알려드리는 다양한 읽기 활동, 전략을 사용해 보고 자녀에게 필요한 방법, 맞는 방법을 찾아서 연습해 보세요.

방법 I 눈으로 읽는 것만큼 소리 내어 읽는 것도 중요합니다!

아이들에게 긴 글을 읽으라고 하면 글을 읽는 것이 아니라 글자라는 그림을 눈으로 훑기 바쁩니다. 그만큼 텍스트에 집중하지 못하는 경우가 많지요. 이러한 습관은 초등학생 저학년 때 잘못 형성되면 고학년으로 올라갈수록 더욱 상황이 악화됩니다. 따라서 아이들이 책이나 글을 읽는 습관을 들일 때 꼼꼼하게 읽는 연습을 하게 해 주세요.

책을 꼼꼼하게 읽는 방법은 여러 가지가 있습니다. 그중 가장 추천하고 싶은 방법은 바로 '소리 내어 읽기'입니다. 학교 교육활동으로는 '전기수 읽기'라고 부르기도 합니다. 많은 사람들에게 책 이야기를 실감 나게 들려주기 위해 텍스트를 꼼꼼히 읽고 느껴나가는 활동이지요. 소리 내어 읽기 방법을 연습하다 보면 텍스트를 어떻게 하면 명확하고 섬세하게 읽어나갈 수 있을지 고민하게 됩니다. 그 과정에서 책을 읽는 사람은 단어 자체의 뜻을 음미하고 문장 전체의 느낌을 해석하려고 하지요. 문학, 비문학 어떠한 글이든 관계는 없습니다. 주장하는 글이나 설명하는 글은 정보를 깔끔하게 전달하기 위해 노력하며 읽어야 하고, 문학 작품은 등장인물의 감성을 살리는 부분에서 언어를 아름답게 표현해야 합니다.

고학년 아이들 중에서도 띄어쓰기를 못하거나, 문장의 흐름을 이해하지 못하는 경우가 많습니다. 또한 표현력이 부족하여 의사소통이 어려운 친구들도 있는데, 이러한 읽기 연습은 문제를 해결해 줄 수 있습니다. 아나운서처럼 적절한 속도와 흐름, 끊어 읽기를 연습하다 보면 전 범주의 언어 능력을 길러줄 수 있습니다. 텍스트를 읽어나가면서 자녀 스스로 언어를 느끼고 탐색하는 자기주도 습관을 기르도록 해 주세요.

- 글을 소리 내어 읽기(내용에 집중)
- 아나운서처럼 자연스럽게 읽는 연습하기(발음, 크기, 빠르기, 흐름에 집중)
- 말에 생각과 감정을 담는 연습하기

방법 2 텍스트에 대한 음미 시간을 가져보세요!

자기주도 읽기 습관이란 학생이 스스로 텍스트를 음미하고 자신의 생각과 연관 지어 재해석하는 과정이라고 말씀드렸습니다. 이러한 의도에 비추어 생각해 볼 때 읽기 활동에서 가장 중요한 것은 읽고 난 뒤의 재해석 시간입니다. 몇몇 부모님들은 그저 '읽기' 활동에만 집중하셔서, 책을 많이 읽게 한다든가 신문 사설을 많이 읽게 하기도 합니다. 많은 텍스트에 집중하여 눈으로 읽는 것은 매우 중요한 일입니다만, 그저 읽기만 한다면 큰 의미가 없겠지요?

교육과정에서는 '읽기 후 활동'이라고 하여 텍스트를 학생의 삶과 연관시켜 나가는 활동을 진행합니다. 읽은 내용에 대해서 다양한 방식으로 자신의 생각을 표출하는 시간이 필요합니다. 내가 느낀 생각, 감정은 무엇인지 정리해 보고 글에 대한 평가도 진행해 봅니다. 쉽게 생각해서 글을 읽고 토의, 토론을 해 보거나 글쓰기 활동을 해보는 것 정도로 이해해 주시면 됩니다. 부모님께서 명심해 주셔야할 것은 자기주도 읽기 습관은 글을 많이 읽는 것보다, 평소에 글을 나와 관련지어 해석해 보는 연습이 중요하다는 점입니다.

- 텍스트에 대한 질문 만들어보고 답하기
- 새로 알게 된 내용, 흥미로운 내용, 더 알고 싶은 내용 정리하기
- 등장인물과 자신의 삶을 비교해 보기
- 자신이 등장인물이 되어보기(예 주인공이 겪는 문제를 자신이 해결해 본다면?)
- 평론가 되어보기(책 내용 / 구성을 평가)
- 추천하는 글쓰기

방법 3   읽는 속도를 체크해 보세요!

우리가 글을 읽는 상황은 항상 한정적이기 때문에, 그 부분을 염두에 두고 읽기 연습을 해야 합니다. 문학 작품은 글의 아름다움을 느끼기 위해 몇 번이고 되뇌며 천천히 읽기도 하지만, 일상생활 속

에서는 시간적 제한이 있기 때문이지요. 따라서 자녀들이 책이나 글을 읽을 때 어느 정도의 속도로 읽고 있는지 확인해 보는 것이 좋습니다.

일정한 양의 글을 제시하고 그 내용을 읽는 데 얼마나 걸리는지 재어보세요. 글의 난이도나 양에 따라 걸리는 시간은 다르기 때문에 정확히 평균 수치가 있지는 않으나, 부모님이 평균적인 속도로 읽었을 때 걸리는 시간의 2배 정도를 기준으로 잡아주세요. 그것보다 빠르거나 늦더라도 현재는 시작점 위치를 확인하는 것이니 걱정하지 않으셔도 된답니다. 그러고 나서 글을 읽는 시간을 여러 번 점검해 나가면서 속도를 조절할 수 있도록 지도해 주세요. 다만 여기서 중요한 것은, 글을 빠르게 읽더라도 내용이 이해되지 않는다면 말짱 도루묵이겠지요?

글을 읽은 뒤에는 반드시 질문 몇 가지를 물어 내용 확인을 해 주시면 좋습니다. 자녀의 학습 정도와 글의 난이도에 따라 여러 질문들을 할 수 있습니다. 쉽게는 글에서 읽은 단어는 무엇이고, 등장인물은 누구인지 물어볼 수 있습니다. 그러고 나서 점차 난이도를 올려 이 글의 핵심 문장은 무엇인지, 주제는 무엇인지, 작가의 의도는 무엇인지, 글의 주제를 한 단어로 나타내 본다면 어떻게 표현할 수 있을지 등을 물어주세요. 이러한 과정은 글을 읽는 속도를 조절하면서도 핵심을 파악하는 습관을 기를 수 있어 언어 능력 향상에 큰 도움이 된답니다.

- 글을 읽는 속도를 먼저 점검해 보기
- 글 읽는 속도를 조절해 나가며 연습하기
- 글을 읽고 나서는 간단한 질문을 통해 내용 확인 점검하기
  - 글에서 읽은 단어
  - 글에 등장한 인물
  - 글의 핵심 문장
  - 글의 주제
  - 작가의 의도
  - 글의 주제를 한 단어로 표현해 보기

자기주도
국어 공부법-쓰기

국어 수업을 하다 보면 아이들이 가장 싫어하는 시간이 있습니다. 그것은 바로 글쓰기 시간이지요. 주장하는 글, 설득하는 글, 감정을 전하는 글 등등 여러 단원이 나오면 앞 1~6번째 수업은 감상하고 이해하는 시간이었다면, 7~10번째 수업은 실제 적용하며 글을 써보게 됩니다. 그중에서도 아이들이 제일 싫어하는 것은 고쳐 쓰기 단원이지요. 단원 초반부터 후반부까지 전부 문법과 글쓰기 내용이라니, 이 부분은 교사도 수업하기가 정말 힘듭니다.

하지만 언어를 가르치는 과정에서 가장 중요한 부분이 아닐까 생각합니다. 또한 자기주도 학습을 생각해 보면 쓰기 영역만큼 관계가 깊은 영역 또한 없지요. 쓰기 영역을 위해서는 문법 영역 또한 깊이 알아야 하고, 고등사고능력을 활용하여 글의 내용을 구성해야 하며,

문장과 문단의 호응에 유의하며 글을 써야 하기 때문이지요. 자신의 생각을 논리정연하게 표현하기 위해서는 자신의 사고에 대해 사고하는 메타인지가 필수적이며, 이 과정을 반복하여 연습한다면 자기주도적으로 언어를 점검하고 활용하는 습관을 기를 수 있답니다.

방법 | 쓰기의 소재를 다양화해 보세요!

앞서 말씀드렸던 것과 같이 쓰기 활동은 학교 수업에서 끊임없이 이루어지고 있습니다. 그래서인지 아이들이 쓰기 활동에 더욱 식겁하기도 하지요. 하지만 이때 몇몇 부모님들께서는 아이들이 싫어하는 착각을 하시기도 합니다. 쓰기 능력을 기르기 위해서는 어려운 글을 읽고 서평과 같은 글을 써야만 한다고 생각하십니다. 틀린 말은 아니지만, 적어도 초등학생 아이들을 대상으로는 비효율적인 생각이라고 말씀드리고 싶네요.

자기주도 쓰기 활동을 위해서 부모님들은 글 소재를 다양화할 필요가 있습니다. 자기주도에서 가장 중요한 것은 내적 동기(흥미)입니다. 아이 스스로 '하고 싶다!'라고 생각하는 것이 무엇보다 우선순위가 되어야 하는 요소이지요. 따라서 아이들이 좋아하는 소재로 다양한 형태의 글쓰기를 할 수 있도록 장려해 주세요. 예를 들어 글 소재를 정할 때 아이들이 좋아하는 것(아이돌, 장난감, 축구, 게임 등)을 선택할 수 있게 해 주세요. 그러고 나서 해당 소재를 바탕으로 다양한 글을 적어볼 수 있도록 지도해 주세요. 글의 소재는 일기나 다

이어리 꾸미기처럼 단순해도 좋고, 독후감, 기사문, 비평문처럼 본격적인 형태로 작성해도 좋습니다. 더 나아가 미디어 시대의 흐름에 맞추어 인터넷 SNS 문구나 블로그 글 작성으로 새로운 글쓰기 취미를 만들어주어도 좋습니다.

자기주도 쓰기 활동을 위해서 가장 먼저 고려해 주셔야 할 것은 다양한 소재와 방식으로 아이가 글을 쓰는 것에 대해 마음을 열 수 있도록 해 줘야 한다는 점입니다. 쓰기 활동을 위해 자료를 찾고, 글을 쓰고, 글 쓰는 과정에 함께 대화를 하게 된다면 아이는 더욱 자기가 주도하여 글을 쓰게 된답니다.

• 글의 소재 다양화하기(아이의 취미, 흥미)
• 글의 형태 다양화하기(일기, 다이어리, 독후감, 기사문, 비평문, SNS, 블로그 등)
• 글을 쓰는 것에 거부감 없애기

방법 2 고쳐 쓰기는 필수입니다!

국어 교육과정을 보면 고쳐 쓰기 문법 단원이 종종 등장합니다. 틀린 단어를 골라 고치거나, 호응 관계를 고려하여 문장의 어색한 부분을 고쳐 쓰거나, 글 전체 구성을 살펴 고쳐 쓰기도 합니다. 학년이 올라감에 따라 다양한 방식으로 글을 고쳐 쓰는 교육이 진행되는데, 아이들은 정작 생활 속에서 글을 쓰고 고쳐 쓰는 일이 거의 없습니다. 또한 학교에서도 아이들이 제출하는 활동 과제, 숙제들을 보고 매번 고쳐 쓰게 하는 것은 한계가 있지요. 저 또한 그저 아이들에게 빨간 펜으로 수정해 줄 뿐입니다.

따라서 부모님께서 아이들을 지도하실 때 반드시 스스로 고쳐 쓰는 기회를 갖도록 해 주세요. 맞춤법이나 띄어쓰기부터 시작해서, 단어, 문장, 문단, 글 전체 순으로 조금씩 고쳐나갈 수 있도록 해 주세요. 학습 내용은 교과서에서 배우는 수준이면 충분합니다. 다만 아이가 스스로 직접 글을 쓰고 몇 번이고 고쳐보는 과정이 중요하답니다. 오늘 글을 썼으면 함께 읽어보며 수정 사항을 확인해 보고, 다음 시간에는 글을 수정하여 처음부터 다시 써보는 것이지요. 글은 매 순간 다르게 보이며, 오늘 괜찮던 글도 내일 보면 이상하기 마련입니다. 이러한 부분을 자녀와 함께 주기적으로 이야기를 나누어보며, 독후감 한 편을 쓰더라도 몇 번의 고쳐 쓰기 과정을 거쳐보기 바랍니다. 반복적으로 연습하다 보면 아이가 자기주도적으로 글을 쓸 때마다 자신이 쓴 내용과 사고를 비교해 보며 표현력을 증진시켜 나가게 될 것이랍니다.

• 고쳐 쓰기의 중요성 알기
• 수준에 맞추어 고쳐 쓰기(맞춤법, 띄어쓰기, 단어, 문장, 문단, 글 전체)
• 독후감 한 편을 쓰더라도 여러 번에 거쳐서 글 고쳐 쓰기

서술형 평가의
강자가 되자

저는 이번에 학년의 평가 담당 교사로서 많은 고민을 하였습니다. 학생들이 교육과정 성취 목표를 얼마나 달성하였는지를 어떻게 평가하면 좋을지 평가 단원과 방법, 시기를 조정하는 데에 많은 노력이 들었지요. 평가를 계획하고 준비하는 과정에서 또 한 번 느낀 것은 바로 서술형 평가가 대폭 강화되었다는 점입니다. 국가 차원, 교육청 차원의 정책으로 전국의 학교에서 대부분 과정 중심 평가(또는 성장 중심 평가)를 강조하고 있고 그에 대한 평가 방법으로 포트폴리오 평가나 서술형 평가가 많이 늘어났습니다.

이전 세대에서 평가라 함은 중간고사, 기말고사가 가장 먼저 떠오르겠지만, 이제 초등학교에서는 시험이라는 말은 사라진 것 같습니다. 또한 연필을 굴려 번호를 찍을 수 있던 객관식 평가도 대부분 사라져 버렸지요. 수학 시험 또한 마찬가지입니다. 이전에는 사다리꼴의 넓이를 구하는 공식을 외워서 문제에 적용한 뒤 숫자만 적어냈다면, 이제는 문제에서 사다리꼴의 넓이를 구하는 공식이 왜 그러한지를 묻습니다. 공식을 외웠느냐보다, 공식이 어떻게 나오는지 이해를 했는지를 묻고, 어떠한 과정으로 적용했는지를 묻는 것이지요. 이렇게나 서술형 평가, 논술형 평가가 강화된 지금 우리 아이들이 평가에서 좋은 결과를 받기 위해서는 어떻게 해야 할까요?

서술형 평가에서 강자가 되기 위해서는 앞서 말씀드린 국어 교과에서 자기주도 학습 습관을 잘 길러야 합니다. 특히 다른 과목보다 더 중요하다고 여겨지며, 초등학생 시기부터 미리 준비할 필요가 있습니다. 아이들은 성장해 나가면서 사고가 발달하게 되고, 점점 언어의 사용 능력이 신장됩니다. 어휘 구사 능력, 표현력, 추상적 사고 능력, 논리력이 좋아지면서 스스로 배운 것을 익히고 정교화하는 연습을 하지요. 이때 이 능력들을 증폭시키기 위해서는 학습자가 자신이 할 수 있는 것들을 자기주도적으로 실천해 보면서 가능성을 키워나가는 것이 큰 도움이 됩니다. 다시 말해 초등학생 시기부터 점점 자기주도 학습 습관을 길러나가는 것이 성장해 나가면서 더더욱 큰 학습 기반이 된다는 뜻입니다.

국어, 수학, 사회, 과학 등등 모든 과목 전반의 서술형 평가 문제를 살펴보면, 공통적으로 아이들에게 생각을 묻습니다. 생각을 묻는 문제는 당연하다고 생각되시지요? 하지만 여기서 말하는 생각은 단순한 생각이 아닙니다. 아이들에게 '너는 왜 그렇게 생각하는데?!'라고 묻는 생각이고, 이 생각을 풀어내는 과정을 평가하는 것이지요. 따라서 아이들은 앞으로 공부를 할 때 단순히 학습 내용을 받아들여서만은 안 됩니다. 반드시 '생각'을 해야 합니다. 사각형의 넓이 공식을 배울 때에도 왜 이러한 공식이 나오는지, 태양의 남중고도를 배울 때에도 왜 12시보다 2시가 기온이 더 높은지, 정조는 왜 수원 화성을 건축하려고 했는지 그 이유를 생각해 보아야 하는 것이지요. 그리고 그것을 자신의 말과 문장으로 표현하는 연습을 해 보아야 합니다. 이러한 과정에는 과목을 불문하고 언어적 능력과 국어 과목에 대한 자기주도 학습 습관이 필수적입니다.

앞으로도 대한민국과 국제 사회는 자기주도 역량을 가진 인재를 원합니다. 내가 어떠한 사람인지, 내가 어떠한 생각을 했는지 자기가 스스로 계발하고 표현할 수 있어야 합니다. 그에 대한 방법이 학교에서는 서술형 평가인 것이랍니다. 앞으로 중학교, 고등학교 때는 갈수록 서술형 평가가 많아질 것입니다. 교사인 저는 아이들이 자기주도 국어 학습 방법을 몸에 익혀 미래 사회에 쓰임 받는 인재가 되길 간절히 희망합니다.

스스로
책에 빠져드는 방법

독서의 중요성은 예로부터 끊임없이 강조되어 왔습니다. 교육학적으로도 잠깐 설명드리자면 아이들은 학습 내용을 받아들일 때 있는 그대로 받아들이는 것이 아니라 자신의 배경지식에 의거하여 선택적으로 받아들입니다. 이를 스키마 이론이라고도 하는데, 결국 아이의 다양한 배경지식이 학습 효과에도 영향을 끼친다는 것으로 해석이 되지요. 따라서 공부를 잘하기 위해서, 공부를 효율적으로 하기 위해서는 다양한 배경지식과 경험이 필요한 것이고, 그에 대한 방법이 독서인 것입니다.

현대에는 책 이외에 여러 미디어 매체가 있어서 간접 경험이 가능한 방법이 다양해졌지만, 과거에는 독서만이 유일한 방법이었을 것입니다. 그래서일까요? 지금도 독서의 중요성은 강조되고 있지만, 이전

과는 조금 다른 양상을 띠고 있습니다. 초등학교에서도 다독왕이라고 하여 책을 많이 읽으면 상을 주기도 했었지요? 하지만 지금은 다독왕 개념은 사라져 갑니다. 많이 읽는 것보다 온전히 읽는 것이 중요해졌기 때문입니다. 그렇다면 앞으로 어떻게 독서하면 좋을까요?

방법 1   온 작품 읽기를 실천합시다!

책 한 권을 읽더라도 내용을 정확히 이해하고, 텍스트와 소통하며, 자신을 되돌아볼 수 있는 독서를 해야 합니다. 그러한 방식을 '온 책 읽기'라고 합니다. 온전히 책을 읽어가는 과정으로, 한 권의 책을 가지고 짧게는 며칠, 길게는 몇 주일, 때로는 한 달이 걸리기도 합니다. 학교에서는 온 책 읽기 프로젝트라고 하여 책 한 권으로 한 학기, 일 년의 기간 동안 수업을 하기도 한답니다. 이 온 책 읽기는 현장에서 근무하는 교사라면 누구나 알고 있고, 최근 교육 트렌드처럼 많이들 활용하고 있답니다.

온 책 읽기는 과정 중심 독서 활동과도 관련이 깊습니다. 책을 읽기 전, 읽는 중, 읽은 후 활동으로 나누어 독서하는 과정에 따라 다양한 활동들을 하게 됩니다. 예시를 몇 가지 들어보자면, 책을 읽기 전에는 표지를 보고 내용을 유추해 보거나, 작가는 왜 이런 제목을 붙였을지 추측해 봅니다. 책을 읽어나가면서 흥미롭거나 궁금한 지점에서는 독서를 멈추고 해당 장면에 질문을 만들어봅니다. 또는 추가 정보를 찾아보기도 하며 멈춰 읽기를 진행합니다. 마지막으로 책을 다 읽은 후에는 책을 온전히 내 것으로 만들고 재해석하는 과정을 거칩니다. 내가 책의 제목을 다시 지어본다면, 책 표지를 다시 그려본다면, 책을 평가해 본다면, 이 책이 나에게 주는 의미는 무엇인지 고민해 보는 등 여러 활동을 진행할 수 있습니다. 온 책 읽기의 여러 방법에 대해서는 인터넷에 검색해 보면 다양한 자료들이 수록되어 있으니 검색하여 적극적으로 활용해 보세요!

아이들이 독서를 싫어하는 이유를 물어보면 책을 읽는 것이 귀찮고, 책을 읽으면 독후감을 쓰기 때문이라고 합니다. 책을 많이 읽힐수록 글도 많이 써야 하니까 갈수록 더 싫어지는 것이죠. 따라서 이러한 온 책 읽기 활동은 한 권의 책으로 다양한 활동을 하므로 이러한 거부감을 낮추어 독서에 대한 부담을 없애고 자기 스스로 독서 활동을 진행할 수 있게 합니다. 이러한 일련의 독서 전, 중, 후 활동은 책 한 권의 의미를 아이의 삶과 직접적으로 연관 지어 줄 수 있답니다. 또한 책 한 권으로 다양한 사고를 가능하게 함으로써 고등사고능력을 길러줄 수 있습니다.

- 온 책 읽기를 실천하여 독서에 대한 거부감 줄이기
- 독서 전 활동 : 책 표지나 제목을 그렇게 정한 이유 추측하기, 등장인물 상상해 보기, 목차를 보고 내용 예상하기
- 독서 중 활동 : 책을 읽다가 멈추고 질문 만들기, 추가 정보 찾아보기, 문제 상황에서 나라면 어떻게 행동할지 생각하기
- 독서 후 활동 : 책 표지 다시 그려보기, 제목 다시 정해 보기, 책 평가하기, 추천서 및 비평문 쓰기, 자신의 삶과 관련지어 비교해 보기

　여러 가지 독서 방법 중 '상호 연관성 텍스트 읽기'라는 것이 있습니다. 단어 자체는 조금 어려워 보이지만 내용은 단순합니다. 관심이 가는 한 권의 책을 골라 독서를 진행한 뒤, 독서 활동이 끝나고 나면 다음 책을 고를 때 이전 책과 관련이 있는 책을 고르는 것입니다. 이전 책을 집필한 작가의 다른 책을 골라도 좋고, 이야기의 공간적 배경이나 시간적 배경이 같은 다른 책을 골라도 좋습니다. 이전의 책과 무언가 상호 연관성이 있는 책을 고르면 되는 방식입니다. 만약 아이가 책에 질려 한다면 상호 연관성 있는 만화책, 영화를 찾아 보여주어도 좋습니다. 텍스트와 이야기가 상호 연관성으로 얽혀나가다 보면 아이는 스스로 책을 찾게 될 수 있습니다.

　예를 들어 저는 예전에 어떤 작가의 소설책을 한 권 읽었습니다. 무정부주의자를 꿈꾼다는 것이 너무 생소하여 해당 작가가 쓴 다른 책을 찾아보았습니다. 다른 책에서도 직접적으로 무정부주의를 외치기도 하였고, 또 다른 책은 전혀 다른 주제의 책이었지만 내용을 읽다 보니 은연중에 작가의 성향이 느껴졌지요. 그럴 때마다 숨겨진 암호를 찾은 것처럼 흥미롭고 재미있기까지 했습니다. 그러다 결국 작가는 어떠한 사람인지 궁금해서 찾아보고, 작가의 일생과 시대적 배경까지 분석해 보는 경지에 이르렀지요. 그렇게 저도 모르는 사이에 상호 연관성 텍스트 읽기에 빠져들었고, 자기주도적 독서를 통해 배경지식을 넓혀나가고 있었습니다.

이러한 방식은 아이들에게도 마찬가지로 적용됩니다. 아이들의 흥미, 취미, 관심사와 연관된 책을 고르는 첫 활동만 도와주시고, 이후 책과 다음 책의 연결고리 찾기만 도와주시면 아이는 자기주도적으로 점점 독서에 빠져들게 된답니다. 스스로 독서의 흥미를 찾고 배경지식을 넓혀나가는 자기주도 독서 습관은 아이의 시야를 넓히는 데 큰 도움이 되리라고 장담합니다.

- 똑같은 작가의 다른 책 읽어보기
- 읽었던 책과 시대적 / 공간적 배경이 같은 다른 책 읽어보기
- 관심사를 전문적으로 탐구할 수 있는 책 읽어보기

수학 교육과정 훑어보기

학생들이 가장 어려워하는 과목 1순위는 수학이 아닐까 생각해 봅니다. 부모님들도 학부모 상담주간에 찾아오시면 가장 먼저 물어보시는 것이 수학과 영어 과목이지요. 이번에는 수학 교육과정이 어떠한 체계로 이루어져 있는지 간단히 알아보겠습니다. 그리고 부모님들이 자주 여쭈어보시는 수학 학습에 대한 여러 질문에 답변드려 보겠습니다.

초등학교 수학 교육과정

영역 구분				
수와 연산	도형	측정	규칙성	자료와 가능성

초등학교 수학 교육과정은 위와 같이 다섯 가지의 영역으로 나누

어져 있습니다. 수학 과목은 1학년부터 바로 시작하므로, 학년군에 따라 각 영역이 반복적으로 등장하며 내용이 점차 심화되는 것이지요. 각 학년별로 어디까지 배우는지 궁금하시다면 포털 사이트에 수학 교육과정을 검색하셔서 파일 안에 수록되어 있는 내용 체계라는 부분을 보시면 쉽게 이해할 수 있답니다. 내용 체계를 살펴보신다면 아이가 어느 정도 위치에 있는지, 또는 고학년이라면 어느 영역이 부족한지 체계적으로 파악하는 데 큰 도움이 된답니다.

초등학교 수학 교육 목표

(1) 생활 주변 현상을 수학적으로 관찰하고 표현하는 경험을 통하여 수학의 기초적인 개념, 원리, 법칙을 이해하고 수학의 기능을 습득한다.
(2) 수학적으로 추론하고 의사소통하며, 창의·융합적 사고와 정보 처리 능력을 바탕으로 생활 주변 현상을 수학적으로 이해하고 문제를 합리적이고 창의적으로 해결한다.
(3) 수학 학습의 즐거움을 느끼고 수학의 유용성을 인식하며 수학 학습자로서 바람직한 태도와 실천 능력을 기른다.

초등학교 수학 교육과정의 목표를 가져와 보았습니다. 세 가지 목표를 읽어보시고 부모님께서 생각하시기에 중요한 키워드는 무엇이라고 생각하시나요? 여기에는 다양한 키워드가 포함되어 있습니다만, 교사로서 생각하는 중요 핵심은 바로 '이해'라고 생각합니다. 조금 더 자세하게 들어가보자면 수학교육론 내용 중 '도구적 이해'와 '관계적 이해'라는 것이 있습니다. 도구적 이해는 수학 공식을 문제를 푸는 도구로 활용하는 개념입니다. 예를 들어 저울이라는 도구를 사용할 때 작동 원리는 이해하지 않은 채 무게를 재는 데에만 사용하는 것이지요. 반면에 관계적 이해는 수학 공식이 어떻게 해서 그렇게 구성되는지를 이해하는 과정을 뜻합니다. 저울로서 무게를 재는 것은 당연하고, 저울이 어떻게 무게를 측정할 수 있는지 측정 과정을 이해하고 설명할 수 있는 것이지요. 이러한 측면에서 초등 수학 교육의 목표를 다시 언급하자면, 수학적 개념의 관계적 이해를 하는 것이라고 말할 수 있겠네요. 초등, 중등, 고등 모두 중요한 시기이지만 수학은 계열성이 강한 특징이 있으므로, 기틀을 다잡는 초등 시기에 관계적 이해를 추구하는 습관을 길들이는 것이 좋겠지요?

지금부터는 부모님들께서 수학 교육에 관해 걱정하시는 요소에 대해서 이야기 나누어 보겠습니다. 수학을 어떻게 공부해야 하는지, 어느 정도 수준이 되어야 하는 것인지, 지금 자녀가 잘하는 것인지 아닌지 걱정이 되신다면 아래 내용을 꼭 확인해 주세요.

질문 | 수학 공부는 몇 학년 때부터 신경 쓰면 될까요?

수학에 대비하기 위해서 학원을 보내거나 학습지를 시키는데, 언제부터 수학에 힘을 주어야 할지 고민된다는 의견이 많았습니다. 수학의 계열성이나 교육과정에 대한 정확한 정보가 없으니 더욱 어렵게 느껴지시겠지요. 수학이란 과목은 계단을 쌓아 올리는 것과 같습니다. 한 칸 한 칸 계단을 쌓아 올리다가 한 칸쯤 빼먹어도 그 당시에는 티가 나지 않습니다. 하지만 빈칸이 갈수록 많아지게 되고, 나중에 결국 계단은 무너지게 되지요. 그렇기 때문에 정확히 어느 시기부터 중요하다고 말씀드리기는 어렵습니다.

그래도 교육과정을 기준으로, 현직 교사의 개인적인 의견으로 수학에 힘을 주어야 할 때를 골라본다면 5학년이라고 생각합니다. 1, 2학년군 때에는 기초적인 수 개념과 수 세기, 구구단에 집중하기 때문에 조금 뒤처지더라도 금방 따라잡을 수 있습니다. 그리고 3, 4 학년군 때에는 조금 어려운 사칙연산과 분수의 개념이 들어가기 때문에 아이들이 살짝 부담을 느끼긴 하지만 충분히 극복할 수 있을 정도입니다. 그러고 나서 5학년 수학에 들어오게 되면 분수나 소수의 사칙연산, 도형의 대칭과 넓이에서 아이들이 힘들어하게 되지요. 여러 학년의 수학 교육과정을 보고 가르쳐 보았지만, 개인적으로 5학년 수학이 가장 가르치기 힘들었던 것 같습니다. 학년 급간이 확 벌어지는 느낌이라고나 할까요? 그래서 저는 5학년이 시작됨과 동시에 수학에 대해 조금 더 철저한 준비를 시작해 보기를 강력하게 권유드립니다.

질문 2 수학 선행학습이 꼭 필요한가요?

선행학습이란 양날의 검인 것 같습니다. 옆집 아들이 4학년에 올라가는데 벌써 초등학교 수학을 다 떼었다는 말만 들어도 불안감이 엄습해 오고, 우리 아이는 학교 수업만 듣고 있는데 괜찮은지 걱정하기 마련이지요. 수학 학습에 대해서 선행학습이 주는 이점도 분명히 있습니다. 하지만 이점을 취하기 위해서는 반드시 명심할 것이 있지요. 바로 복습의 완벽성입니다. 다른 방식으로 표현해 보자면 이전에 배웠던 것들을 완벽하게 숙지하였는가 말입니다.

저도 학창 시절에 공부를 열심히 하는 아이였고, 소위 말하는 전교 1등도 하고 그랬지요. 그래서인지 학원에서 선행 진도반에 들어가고 싶어 했고, 한 학년 앞의 내용을 미리 배우면서 우월감을 느끼기도 했었습니다. 하지만 고등학생이 되고서야 땅을 치고 후회했지요. 모든 발달은 때와 정도가 있는 법인데, 저는 저 스스로를 간과하고 앞서 나가려고만 했기 때문에 이전의 내용들이 많이 부실했던 것입니다. 그 결과는 초, 중학교 때에는 잘 드러나지 않고, 진정한 이해와 사고를 묻는 고등학교 수준의 수학에서 절실히 드러나게 됩니다. 하지만 때는 이미 늦었고, 땅을 치며 후회했던 기억이 있습니다. 다시 돌아간다면 학생인 저에게 절대 선행에 욕심내지 말고, 복습에 욕심내라고 말해주고 싶네요.

다시 한번 말씀드리지만 절대 선행에 욕심내지 마시길 바랍니다. 선행 이전에 완벽한 복습은 필수불가결 요소이며, 복습이 마무리되어야만 선행의 의미가 있습니다. 주변에서 서둘러 나간다 해도, 우리 아이는 때가 아닐 수 있습니다. 그러니 너무 불안해하지 마시고, 조바심 내지 마시고, 그저 우리 아이가 지금 무엇이 필요한지만 집중해 주세요.

자기주도
수학 공부법

학생들은 수학 과목을 공부할 때 자기주도 학습을 얼마나 실천하고 있을까요? 자기주도 학습이 무엇인지 정확하게 알지 못하고 있더라도, 나름대로 스스로 계획을 세워 실천하려는 아이들이 분명 있습니다. 이 주제에 대하여 연구한 논문 결과를 살펴보면, 초등학생 약 300명 중 약 23%만이 스스로 계획을 세워서 공부한다고 답했다고 합니다. 교사로서 훨씬 더 낮은 수치가 나올 줄 알았는데, 오히려 생각보다 높다고 느꼈습니다. 아마 어른들이 보기에 계획적인 학습은 아니지만, 초등학생들이 스스로 생각하길 계획적으로 공부하고 있다고 생각하고 답한 친구들도 포함되어 있겠지요? 해당 질문에 대한 중학생의 응답은 약 14%로 수치가 더 떨어졌다고 합니다.

수학이라는 과목은 자기주도 학습 습관이 훨씬 중요한 과목입니다. 계열성이 강하고, 문제해결에 다양한 사고 과정이 필요하기 때문이지요. 문장을 읽고 수학적으로 풀이하는 것은 이해, 계획 세우기, 계산하기, 점검하기의 여러 단계로 구성되며, 이러한 복잡한 인지 과정을 해결하기 위해 학습자는 스스로를 통제할 수 있어야 합니다. 결국 자신을 조절할 수 있는 자기주도 능력과 자기효능감, 학습 전략 훈련은 수학적 사고력을 높여줄 수 있는 토대인 것입니다.

지금부터 수학의 자기주도 학습을 위해 필요한 몇 가지 요소를 점검하고 가도록 하겠습니다. 학생들이 성장할수록 수학이 어려워지지 않도록 초등학생 시기부터 반드시 신경 써야 할 방법들입니다. 학교에서 배운 수학 내용을 복습하거나, 가정에서 문제 풀이를 연습할 때 반드시 유념하여 실천해 보기 바랍니다. 전반적인 사항들을 살펴본 뒤에는 이어서 문제 풀이 방법, 오답 정리 방법, 계산 실수를 줄이는 방법 등에 대해서도 알아보겠습니다.

방법 l 수학 개념은 암기가 아니라 이해입니다!

수학을 공부할 때 대부분의 학생들이 착각하는 것이 있습니다. 바로 공식은 외우는 것이라고 말이지요. 공식은 외우는 것이 맞습니다. 하지만 전제 조건으로 이해가 선행되어야 한다는 것이지요. 초등학교 1~2학년군에서는 별다른 공식이 나오지 않습니다. 3~4학년군에 접어들면서 본격적인 수학 개념이 등장하고, 사칙연산이 복잡해지기 시작합니다. 이때부터 아이들이 수학의 관계성을 맛보기 시작합니다. 그리고 그 이후 5~6학년군에 들어오면서 각종 도형들의 둘레 구하는 공식, 분수의 사칙연산 등을 배웁니다. 거의 매 단원마다 공식들이 등장하다 보니 아이들이 5학년에 들어서면서 수학은 공식을 외워야 하는 과목이고, 어렵다는 인식이 생기는 것입니다.

수학 개념을 배울 때 공식은 암기가 아니라 이해해야 함을 명심하여야 합니다. 앞서 말씀드렸던 수학교육학 개념 중 '관계적 이해'가 중요하다는 것과 마찬가지입니다. 초등학교 교과서를 살펴보면 공식을 가르치기 위해 최소 1시간 분량의 원리 탐색 과정이 있습니다. 이해 활동이 진행되고 나서야 '약속'으로서 공식을 정리하게 됩니다. 학생들이 공식이 나오기 전 사전 이해 활동을 더 꼼꼼하게 살펴볼 수 있도록 해 주세요. 일부 참고서에서는 문제 수록을 위해 원리 설명을 생략하고 공식만 모아둔 책이 있습니다. 이러한 책은 공식이 보기 좋게 깔끔하게 정리되어 있다고 느끼실 수 있지만, 초등 수준에서는 과정 설명이 많아 지저분해 보이는 책이 더 좋을 수 있답니다.

따라서 자기주도 수학 학습을 위해서는 아이들이 공식을 접하기 전에 수학 원리 이해에 무게를 두고 학습할 수 있도록 강조해 주세요. 많은 문제해결에만 의미를 두거나, 선행학습에만 욕심을 갖는다면 이는 학년이 높아짐에 따라 큰 난관으로 다가올 것입니다.

• 원리를 이해하는 활동을 강조하기
• 공식이 나오기 직전에 알려주는 이해 활동 복습하기

수학 공부는 머리로 계산해서 손으로 정리하는 활동이라고 생각하기 쉽습니다. 계산할 때에는 조용히 머릿속으로 생각하고 해결책을 찾아나가야 하지요. 다만 아직 우리 아이들은 초등학생입니다. 초등학생에게 자기주도 수학 공부를 위해 중요한 것은 이해라고 말씀드렸습니다. 따라서 아이들이 계산과 동시에 이해의 공부를 할 수 있도록 도와주어야 합니다.

방법은 바로 '입으로 설명하기'입니다. 앞의 '방법 1'과 같은 맥락으로, 아이들이 먼저 공식을 이끌어내는 과정과 공식을 이해할 수 있도록 학습을 반복합니다. 그 이후에 부모님들께서 아이들에게 질문해 주세요. '왜 이러한 공식이 나왔니?', '어떠한 과정으로 이러한 방법이 나왔는지 설명해 줄래?'와 같이 물어보고 설명을 경청해 주세요. 아이들이 공식은 줄줄 외우지만, 그 과정을 설명하기 힘들어한다면 한 번 더 복습이 필요한 상황입니다.

단순한 예시로, 초등학교 교과서에서는 사각형을 공부하면서 직사각형과 정사각형의 둘레를 구하는 공식을 알려줍니다. 정사각형의 둘레는 '한 변의 길이×4'이고, 직사각형의 둘레는 '(한 변의 길이+다른 한 변의 길이)×2'이지요. 어른들이 보기에는 정말 당연하고 단순한 문제이지만 아이들은 처음에 이 두 가지 공식이 다르다는 것 자체를 어려워합니다. 이러한 개념을 배우고 났을 때 아이들에게 물어보시면 됩니다. 정사각형은 왜 한 변의 길이에 4만 곱하면 되는 것인지 물어보고, 아이가 만약 "정사각형의 네 변의 길이는 같다는 성질을 이용한 것입니다."라고 이전에 배웠던 수학적 개념을 끌어온 다면 이는 이해가 완벽한 상태입니다. 만약 설명이 부족하거나 다른 설명을 하게 된다면, 또 한 번 원리와 개념 이해가 필요한 상태인 것입니다.

　이러한 방법을 자주 활용하여 점검하는 습관을 기르다 보면 아이는 스스로 공부할 때에도 중요한 부분을 입으로 설명해 보며 점검하고, 앞으로 나아갈지 되돌아가 복습할지를 정하는 자기주도 학습능력이 대폭 신장될 수 있습니다.

• 자신이 이해한 수학 개념을 입으로 설명해 보게 하기
• 수학적 원리에 의해 설명이 가능한 경우에만 다음 개념으로 넘어가기
• 수학적 개념으로 설명이 어려운 경우 한 번 더 복습하기

방법 3　수학은 전략입니다!

　수학이라는 학문은 참 대단합니다. 분수의 사칙연산이나 소수의 사칙연산은 정말 과거부터 계속 가르쳐 왔는데, 매년 어쩜 그리 많은 문제들이 탄생하는지 신기할 따름입니다. 교과서 문제, 학교 문제, 학원 문제, 참고서 문제 등등 다양한 문제들이 많은데 비슷하면서도 다 달라서, 아이들을 자꾸 틀리게 만들지요. 이러한 함정들이

모이다 보니 아이들은 오답의 경험이 많아지고, 수학을 갈수록 어렵게 느낍니다. 이러한 난관을 쉽게 헤쳐 나가기 위해서는 아이들이 수학 문제를 풀 때 '전략'을 사용할 수 있도록 미리 연습을 해 두어야 합니다.

몇몇 아이들은 학교에서 수행평가를 실시할 때, '지금 우리가 사각형의 넓이를 배우고 있으니까, 무조건 사각형의 넓이 구하는 공식을 쓰면 될 거야!'라고 생각하고, 문제를 이해하지도 않은 채 무작정 덤벼듭니다. 하지만 종합평가 문제에서는 사각형의 넓이 문제인 척하지만 분수의 곱셈이 핵심인 문제도 있지요. 따라서 아이들에게 문제 풀기 전에, 내용을 자세히 읽어보고 어떠한 전략을 사용하여 해결해 나갈지 고민해 보라고 지도해 주셔야 합니다. 문제를 읽으면서 푸는 것이 아닌, 문제를 읽고 이해하고 전략을 세운 뒤 문제에 접근할 수 있도록 해 주세요. 한 끗 차이 같지만, 풀기 전 전략을 세우는 것은 아이들이 계산을 정확하게 진행하고 효율적으로 해결할 수 있는 과정에 큰 도움이 됩니다.

- 문제를 꼼꼼히 읽고 전략을 세우도록 연습하기
- 다양한 전략을 익혀두기
  - 추측하고 점검하기
  - 규칙성 찾기
  - 자신이 풀었던 비슷한 문제 떠올려보기
  - 그림 그려보기
  - 도표 그려보기

- 직 / 간접 추론하기
- 수의 성질 이용하기
- 간단한 문제로 바꿔보기
- 거꾸로 풀기
- 공식 찾기

기초연산을
튼튼하게 하려면?

　학교 현장에서는 '기초학력'이라고 하여 학생들의 기초학력을 점검하기 위해 매년 연초에 진단평가를 실시한답니다. 진단평가 점수가 일정 점수 미만이라면 추가 학습을 진행하게 되는 것이지요. 수학의 기초학력은 바로 '셈하기'입니다. 자신이 이해한 수학 개념을 바탕으로 셈을 잘하는지를 중요시 여긴답니다. 여기서 말하는 셈하기를 다른 말로 표현해 보자면 기초연산이라고도 부를 수 있겠습니다.

　기초연산은 앞으로 다양한 문제를 해결함에 있어서 가장 중요한 밑바탕이 됩니다. 기초연산 능력이 부족하거나, 실수가 잦다면 모든 문제에서 답을 도출해 낼 수 없게 되지요. 반대로 기초연산이 강한 친구들은 학년이 올라갈수록 수학에 자신감이 붙고, 문제해결에 속도감이 붙게 됩니다. 기초연산은 수학 학습에서 이만큼이나 영향력을 가지고 있으므로, 기초연산이 본격적으로 시작되는 초등학교 시기부터 준비해 두는 것이 좋습니다.

현직 교사로서 기초연산을 강화하기 위해 어떠한 점을 강조할지 고민해 보았습니다. 평소에 아이들에게 자주 이야기하는 것들을 알려드리니 부모님과 자녀들이 함께 적용해 보며 기초연산을 다지는 자기주도 습관을 길러보세요. 각 항목마다 적합한 학년군이 있을 수 있으므로, 항목 옆에 '저학년, 중학년, 고학년'의 표시를 해 두겠습니다.

1. '어림'은 최강 무기입니다.　　☑저, ☑중, ☑고

수학에 있어서 어림하기는 정말 중요하고 유용한 개념입니다. 초등학교 고학년 교육과정에 어림하기 내용이 있지만, 사실 기초연산 때부터 어림해 보기를 연습하면 더욱 좋지요. 문제를 풀기 전에 이 문제의 답이 얼마 정도 될지 어림해 보는 것은 수의 연산을 쉽게 할 뿐더러, 자신이 도출한 답이 맞았는지 틀렸는지 점검해 보는 안전장치가 되기도 합니다. 어림을 할 때 10, 11, 12 정도로 생각했는데, 자신의 결괏값이 120이 나온다면 이상하다고 느끼고 다시 계산을 진행하기 때문입니다. 따라서 저학년의 단순한 덧셈도, 중학년의 세 자릿수 계산도 풀기 전에 어림을 해 보세요.

"답이 대충 어느 정도 될 것 같니?"라고 묻고 문제를 푼 뒤, 이후에 답과 어림한 결괏값을 비교해 보세요. 처음에는 허무맹랑한 수치를 이야기하더라도 연산 연습을 하다 보면 감을 잡게 된답니다. 이러한 단순 활동을 여러 번 반복해 주세요. 아이가 어림을 습관화하게 되면 기초연산의 과정이 더욱 튼튼해질 수 있습니다. 그리고 자연스레 검산을 습관화하여 오답을 피할 확률이 높아집니다.

2. 거꾸로 계산해 보세요.　　　　　□저, ☑중, ☑고

덧셈과 뺄셈을 가르치고 문제를 몇 번 풀어보다 보면 아이들은 연산을 곧잘 합니다. 하지만 덧셈과 뺄셈이 연관되어 있다고 생각하기까지는 많은 시간이 걸리지요. 또한 학년이 올라가면서도 사칙연산의 관계가 얼마나 중요한지 모릅니다. 따라서 아이들이 덧셈, 뺄셈을 배웠다면 덧셈 문제를 푼 후에 똑같은 문제를 뺄셈으로 풀어볼 수 있도록 해 주세요. 각 학년의 난이도에 맞추어 진행해 주시면 됩니다.

3+5=8의 계산을 했다면, '8-5는 얼마일까? / 8-3은 얼마일까?' 방식의 간단한 질문이면 됩니다. 질문을 반복하다가 나중에는 자녀 스스로 공책에 계산식을 적어보며 정리할 수 있게 해 주면 수의 관계와 기초연산의 사고력을 높일 수 있습니다.

3. 놀이를 적극적으로 활용해 주세요.　　　☑저, ☑중, □고

기초연산을 튼튼하게 하기 위해서는 기본적으로 반복연습이 필요합니다. 하지만 아이들은 단순 연산을 매우 싫어하지요. 따라서 부모님들께서 의도적으로 기초연산 활동을 놀이로 바꾸어주셔야 합니다. 예를 들어 역할놀이를 통해 마트 놀이를 하거나, 3씩 뛰는 삼육구 놀이로 수의 간격을 익히거나, 주사위 두 개에 각각 나온 숫자 더하기 놀이 등으로 다양한 기초연산을 진행할 수 있습니다. 시중에는 다양한 기초연산 보드게임이 많이 출시되어 있으므로, 준비하셔서 부모님께서 함께 참여해 주세요. 아이들이 무엇보다 즐거워하는 것은 부모님과 함께하는 놀이랍니다.

4. 기초연산은 쉬운 문제도 충분합니다.　☑저, ☑중, ☑고

부모님들이 문제집을 고를 때 난이도 있는 종류를 우선시하는 경우가 있습니다. 적당히 어려운 문제들이 아이의 사고력을 키워줄 수 있다고 생각하시기 때문이지요. 하지만 기초연산을 튼튼히 하기 위해서는 조금 어려운 책보다 조금 쉬운 책이 훨씬 도움이 된답니다. 기초연산은 말 그대로 기초입니다. 기초를 다진 후에, 능력이 자라난 다음에서야 사고력이 더욱 쑥쑥 자라난답니다.

5. 저학년의 손가락 계산은 나쁜 것만이 아닙니다.　☑저, ☐중, ☐고

발달 단계에 따라 저학년 시기에는 수학 계산을 위해 사물을 사용합니다. 전문적인 용어로는 구체적 조작활동이라고 표현하는데, 덧셈을 위해 손가락이나 바둑돌을 사용하는 경우를 말하지요. 때때로 저학년 부모님께서 아이들이 계산할 때 손가락을 안 쓰도록 지도하시는 경우가 있는데, 저학년 시기까지는 구체적인 조작활동이 연산에 도움을 줄 수 있답니다. 막기보다는 조작활동을 통해 섬세한 기초연산이 가능해지도록 지도해 주세요.

6. 일상생활에서 수학을 찾아보세요.　　☑ 저, ☑ 중, ☑ 고

　수업을 하다 보면 공부가 싫은 아이들이 가장 많이 하는 말이 "배워서 어디에 써요?" 또는 "공부는 필요가 없는 것 같아요."입니다. 아이들이 학습의 의미를 찾지 못하는 것이지요. 따라서 일상생활에서 간단한 수학 연산이 활용되는 경우에는 아이들에게 사고할 수 있는 기회를 마련해 주세요. 마트에서 물건을 살 때 잔돈이 얼마가 될지 알기 위해 덧셈과 뺄셈을 연습하고, 묶음 상품을 보고 어떤 것이 더 저렴할지 곱셈과 나눗셈을 연습할 수 있습니다. 장보기, 집안일, 취미 활동 등 일상생활 속에서도 마주할 수 있는 기초연산들을 발견해 보시기 바랍니다.

문장형 수학 문제를
잘 풀기 위해서는?

    수학 문제는 저학년에서 고학년으로 갈수록 문장형 문제가 많이 등장합니다. 기초연산을 다루는 저학년에서, 사고력을 요구하는 고학년으로 성장해 나가면서 문장형 문제는 피할 수 없는 산이 되어 버리지요. 하지만 아이들은 이야기가 있는 문제를 읽기 귀찮다고 하거나, 문제가 담고 있는 수학 개념이 무엇인지 생각하는 것을 꺼리기 마련입니다. 이는 자연스레 수학 기피, 수학 부담으로 다가오기도 합니다.

    따라서 이러한 문제를 쉽게 극복하기 위해서는 아이들이 문장형 문제를 어떻게 풀고 어떻게 접근하여야 하는지 알고 연습하여야 합니다. 아이 스스로 문제를 보았을 때, 자기주도적으로 문제를 분석해 놓는 습관이 있다면 수학에 대한 접근이 쉬워지는 것입니다. 그렇다면 문장형 문제를 어떻게 연습하고 극복해 나가는지 전략에 대해 알아보겠습니다.

문장형 문제를 연습하는 방법

1. 문제를 읽고 문장을 자르게 합니다.
2. 구하고자 하는 것이 무엇인지를 살펴보고, 어떠한 수학 개념이 필요한지 생각합니다.
3. 문제를 해결하기 위해 필요한 핵심 요소에 표시를 합니다.
4. 찾은 핵심 요소를 문장 위에 숫자, 기호 등으로 간단하게 표현해 둡니다.
5. 문제를 다시 한번 읽으며 수학식을 세워봅니다.

예시

아래 문제를 읽고 필요한 부분이 어디인지, 어떠한 조건을 부여하고 있는지, 어떠한 수학 개념이 필요한지를 찾고 문제 위에 표시해 보세요. 자신이 표시한 수학 자료들을 바탕으로 식을 세워나가세요.

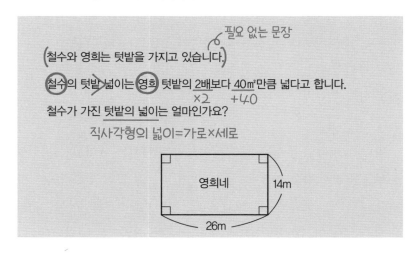

$$정리 : (\underset{\downarrow}{영희네} \times 2) + 40 = 철수네$$
$$26 \times 14$$
$$\Rightarrow (26 \times 14 \times 2) + 40$$
$$= 728 + 40$$
$$= 768 \text{m}^2$$

이렇게 문장을 잘라내고, 수학 개념을 이끌어내어 문제 위에 표시해 보는 방식으로 지속해서 연습해 주세요. 위 박스의 필기 내용처럼 써보면 됩니다. 반복하다 보면 수학 개념을 문장으로 표현하기 위해 어떠한 방식이 활용되는지 기억하게 됩니다. 다양한 문제가 있어도 비슷한 패턴으로 표현되는 한계가 있기 때문에 아이 스스로 이를 찾아낼 수 있는 능력이 생긴다면 성공입니다. 이러한 능력이 곧 자기주도 수학 학습이자 수학적 사고력을 높이는 방법입니다. 고등학생 시기에는 수학 문제의 문장이 더욱 길어지므로 미리 초등학생 때부터 바탕을 다져주세요.

답을
헷갈리지 않는 방법?

수학 수업을 할 때 단원의 진도가 끝나면 단원평가를 실시합니다. 문제를 제시하고 돌아다니면서 아이들의 풀이 과정을 살펴봅니다만, 가끔 놀랄 때가 있습니다. 문제를 이해했고, 풀이도 맞는 것 같은데 답을 엉뚱하게 적는 것입니다! 분명 답을 잘 구했는데도 말이지요. 또 다른 아이는 문제에서 풀이 과정을 설명하라고 했는데, 어떻게 보라는 것인지 수학 풀이 칸을 예술 작품처럼 그려놓은 아이도 있습니다. 고고학자의 마음으로 풀이 답안을 꼼꼼히 파헤쳐 보면 이 또한 얼추 답은 맞는 것 같은데, 식을 쓰다 보니 헷갈렸는지 최종 답은 또 틀리게 적었더랍니다.

수학 공부를 잘하기 위해서는 수학 문제를 깔끔하게 풀 수 있는 능력이 필요합니다. 구체적으로는 '풀이 과정을 깔끔하게 써 내려가는 능력'이 되겠네요. 앞서 서술형 평가의 중요성을 강조하기도 했는데, 수학에서는 풀이 과정이 서술형 평가가 되지요. 일반 문제에서도 풀이 과정을 깔끔하게 써야지만 풀이와 답이 헷갈리지 않습니다. 또한 문장형 문제나 서술형 수학 문제에서 고득점을 받기 위해서도 풀이는 깔끔하게 한눈에 들어와야 하지요. 가뜩이나 고등학교를 가면 한 문제에 풀이 과정이 열몇 줄이나 되는데, 식을 지저분하게 풀어나가면 답은 더 미궁으로 숨어버리는 느낌입니다.

따라서 아이들이 풀이를 명확하게 주도해 나가고, 답을 헷갈리지 않기 위해서는 '풀이 과정을 깔끔하게 적어나가는 능력'이 필요합니다. 어떠한 내용을 언급하는지 감이 오지 않으신다면 아래 보여드리는 설명과 예시를 보고 차근차근 따라올 수 있도록 해 주세요.

풀이를 깔끔하게 적어나가는 방법

1. 기본적으로 숫자는 줄을 맞추어 적는다.
2. 계산식이 진행되며 단계가 바뀔 때 줄을 바꾸어 적는다.
3. 줄을 바꿀 때에도 앞줄을 맞추어 적는다.
4. 답을 찾았을 때에는 정답만의 독특한 표시를 한다.

[{(3+7)×2}÷4]+7의 값을 구하시오.

$\Rightarrow (3+7) = 10$

$\{(10)×2\} = 20$

☆ $[\{20\}÷4] = 5$

$[5] + 7 = 12$

$\therefore 12$

식이 늘어나면서 줄이 바뀔 때, 계산이 헷갈리거나 아리송한 부분에는 별표를 쳐두세요.

　예시는 소괄호, 중괄호, 대괄호의 계산 순서를 연습하는 문제입니다. 문제 풀이 순서대로 윗줄부터 차근차근 계산식을 씁니다. 소괄호 계산이 끝나고 중괄호 계산으로 단계가 바뀔 때에는 줄을 넘겨 다음 식을 씁니다. 중괄호 계산까지는 완벽하지만 세 번째 대괄호 계산이 헷갈린다고 가정했을 때, 그럴 때에는 앞에 별표를 쳐둡니다. 마지막 최종 답에는 따로 공간을 띄워 답을 쓰고, 확실하게 눈에 띄는 표시를 합니다.

　문제를 풀 때에는 위의 그림과 같이 풀이를 정리하며 적어나가야 합니다. 숫자의 여백을 두고 깔끔하게 적는 것부터 시작하여 가로

줄, 세로 줄을 맞추는 연습, 정답에 독특한 표시를 해 두는 연습이 필요합니다.

TIP으로 적어둔 부분은 사실 초등학교 고학년부터 활용이 가능하며, 추후 중·고등학생이 되었을 때 문제 풀이가 길어지면서 매우 활용도가 높아지는 부분입니다. 문제를 풀어나가다가 지금까지는 맞는데, 이 부분부터 맞는지 아닌지 아리송한 부분이 생겼을 때, 그 부분부터 식에 대한 자신이 없을 때 별표를 쳐두세요. 수학 문제를 풀이하다 보면 자신이 없어도 나름대로의 방식으로 밀고 나가야 할 때가 많습니다. 하지만 때때로 정답이 아닌 것 같아 처음으로 돌아올 때가 많지요. 이때, 자신이 정확한 이해로 계산한 부분까지 표시해 둔다면 문제를 다시 풀 때 처음으로 돌아가서 기초 작업을 다시 해야 하는 시간과 번거로움을 덜 수 있답니다. 내가 정확하게 이해한 부분이 어딘지 표시를 해 둠으로써 효율적으로 공부하는 습관을 기를 수 있습니다.

사회 교육과정 훑어보기

'초등학생들에게 자기주도 학습을 몇 학년부터 강조하면 좋을까요?'라는 의문에, 3학년이라고 답하시는 분들이 많습니다. 3학년부터는 공부하는 습관도 기르고, 사고력도 높여서 공부할 기틀을 만들어주어야 한다고 하지요. 그 이유가 무엇일까요? 왜 콕 집어 3학년부터라고 할까요? 그에 대한 답은 교육과정의 구성을 보면 추측해 볼 수 있습니다.

초등학교 교육과정을 보면 1, 2학년군에서는 교과목이 국어, 수학, 통합교과로만 이루어져 있습니다. 하지만 3학년에 올라가면서부터 교과목 체계가 바뀌게 됩니다. 우리가 잘 알고 있는 주요 교과인 국어, 수학, 사회, 과학, 영어로 교육과정과 수업이 구분되어 진행되기 시작하고, 여러 가지 기초지식이 교육되는 시기랍니다. 그래서

12년간의 학창 시절 중 학업의 극초반이자 근간을 닦을 수 있는 시기라고 여기는 분위기가 생긴 것이지요. 1, 2학년군에서도 국어, 수학을 다루지만, 3학년 때 사회와 과학이 도입되면서 아이들은 흥미를 갖기 시작합니다. 따라서 학교와 가정에서 아이들이 느낄 수 있는 학습 부담감을 줄여주고, 흥미를 늘리도록 유도해야 하지요.

사회 교과의 교육 목표는 '민주시민으로의 자질 양성'이라고 할 수 있습니다. 여기서 말하는 민주시민이란 단순한 민주주의 개념이 아닌, 더 넓은 의미를 포함합니다. 사회현상을 이해하고, 사회 정의를 실천하고, 공동체 의식을 가지며, 사회의 문제를 합리적으로 해결해 나갈 수 있는, 사회를 발전시킬 수 있는 인재를 기르자는 것입니다. 이렇게 이야기하면 너무 어렵게 느껴지려나요? 쉽게 표현해 보자면 사회에서 쓰임 받는 아이들로 키우는 것이 사회 교육의 목표인 셈입니다.

아이들이 자기주도적으로 사회를 공부하고, 민주시민으로 성장하기 위해서는 '사회'를 받아들이는 연습을 해야 합니다. 뒤에서 말한 '사회'는 교과로서의 사회가 아닌, 우리가 살고 있는 생활 환경이자 삶의 터전인 사회 그 자체를 뜻합니다. 우리 가족, 우리 학교, 우리 마을, 우리 지역, 우리나라에서 일어나고 있는 사회현상은 어떠한 것이 있는지, 사회적 흐름은 어떠한지, 문제는 없는지, 문제가 있다면 어떻게 해결할 수 있을지를 매번 탐색하고 고민해 보아야 합니다. 자기주도적으로 자신의 삶을 되돌아보는 아이가 훌륭한 민주시민이 될 수 있는 것입니다.

　사회는 끊임없이 변화합니다. 그래서 사회가 바뀌고 변화하는 만큼 사회 교육과정도, 수업도 크게 바뀌어 갑니다. 과거 1960년대까지 반공 교육이 있었지만, 현재는 4차 산업혁명이 교육 사회의 중심이 되어버렸듯이 교육과정도 많이 바뀌었습니다. 우리 부모님들이 생각하시기에, 초등학교 사회에서 요즈음 어떠한 내용이나 쟁점을 다루는지 구체적인 정보가 없으니 도통 아이들에게 무엇을 중점으로 교육해 보면 좋을지 감이 안 오실 것입니다. 따라서 아래에 초등 사회 교육과정의 큰 핵심 요소들과 사회를 넘어선 교육계의 트렌드에 대해서 간략하게 언급해 보려 합니다.

초등학교 사회 교육과정

핵심 요소				
	정치	경제	사회·문화	지리
3~4 학년군	공공기관 주민 참여 지역 문제 해결	생산, 소비 시장 희소성	가족의 역할 변화 문화 타문화 존중	우리 고장 고장 모습 지도 촌락과 도시 교통수단의 발달
5~6 학년군	민주주의 국가기관 남북통일 국제기구	합리적 선택 경제 정의 자유경쟁 상호의존성	신분제도 평등 사회 지속가능 미래	국토 위치와 영역 세계 대륙과 대양 여러 국가의 위치와 특징
	• 법 : 인권, 기본권과 의무, 법과 역할　• 역사 : 고조선~근현대사			

초등학교 3~6학년의 사회 교육과정을 요약하여 핵심 요소만 정리해 보았습니다. 100% 전부를 담지는 못했지만, 그 안에서 많은 비중을 차지하고 있는 핵심 키워드라고 생각하시면 되겠습니다. 부모님께서는 우리 아이들이 학교 사회 시간에 어떠한 내용을 배우고 있는지 흐름을 느껴보세요. 그리고 생활 속에서 이러한 주제가 나왔을 때 아이들이 학교에서 배운 내용과 연결 지을 순간이라고 생각하시어, 삶과 연관된 사회 교육을 실천해 보시기 바랍니다. 사회 교육의 본질이자 목표를 달성하면서 자기주도 사회 학습 습관을 기를 수 있답니다.

자기주도
사회 공부법

사회라는 과목 자체만으로도 어렵고 막막한데, 아이가 자기주도적으로 사회 공부를 한다라, 정말 막연한 것 같습니다. 사회라는 학문은 범위도 넓고 다양해서 부모도 잘 모르는 부분이 많은데, 아이가 잘할 수 있을지 걱정이 되지요. 하지만 우리는 아이들을 사회 교과를 통해 '민주시민'으로 길러내는 것이 목표라는 것을 기억해야 합니다. 전문가나 연구가를 만드는 것이 아닌, 초등 사회 교육을 통해 사회에 관심을 가지고 소양을 길러주는 것임을 기억해야 합니다.

아이들이 사회를 자기주도적으로 공부하기 위해서는 '삶과의 연계'가 중요하다고 말씀드립니다. 이 이야기는 반복적으로 등장하겠습니다만, 아이가 삶과 사회 교과가 이어져 있다는 사실을 느꼈을 때 마음속에서 스스로 민주시민의 소양이 자라나기 때문이지요. 사회라는 학문 자체가 실제 우리의 사회 속에서 필요해서 나온 것처럼, 아이들이 교과 사회와 살고 있는 사회가 다르지 않다는 것을 느끼게 해 주어야 합니다. 그렇다면 우리 부모님들이 어떠한 부분에 신경을 쓰면 좋을까요?

방법 1   사회는 지역화가 중요합니다!

사회 교육과정이 시작되는 초등학교 3~4학년군 교육과정을 살펴보면 가장 많이 나오는 단어가 있습니다. 바로 '우리 고장'이지요. 평소에 우리 마을, 고장이라는 단어를 잘 안 쓰는 것 같습니다만, 제가 느끼기에는 우리 지역보다 우리 마을, 우리 고장이 더 친근하고 공동체 의식이 느껴지는 것 같습니다. 그만큼 초등학교 사회 시간에는 아이들에게 지역화를 강조하고 있습니다.

지역화란 어떠한 제도나 교육을 실천할 때, 그 지역의 특성에 맞도록 프로그램을 구성하여 운영하는 것을 뜻합니다. 사회의 모습은 너무 다양해서 하나로 통일하여 가르칠 수 없기 때문에, 각 지역의 특성에 맞도록 교육하기를 바라는 것이지요. 또한 지역 내의 상태와 문제점을 파악하여 해결해 나갈 수 있도록 역량을 길러주는 것이 민주시민 교육의 목표이기도 합니다. 이러한 지역화를 강조하기 때문에, 아이들은 사회 시간에 자신의 지역에 대해 알아보게 됩니다. 실제로 사회 시간 활동 중 하나로 지역 편지 교류 활동이 있는데, 전국의 여러 선생님들이 도시, 농촌, 섬 등의 여러 학교들과 자체적으로 짝을 지어 학급 아이들이 고장을 소개하는 편지를 주고받기도 한답니다.

아이들이 자기주도적으로 사회를 공부하기 위해서는 이러한 지역화를 강조해 주시면 좋습니다. 어떠한 사회 개념을 배우고 공부할 때 반드시 한 번쯤은 우리 지역과 관계 지어 생각해 보는 습관을 길들이는 것이지요.

예시

사회 시간에 교통수단의 발달에 대해 배웠다면, 우리 마을에는 어떠한 교통수단이 있는지, 그 교통수단으로 인해 어떻게 삶의 모습이 바뀌었는지를 살펴봅니다. 그리고 실제로 교통 노선이 어떻게 이루어져 있는지 찾아본 뒤 지도를 그려 보며 우리 마을의 인구 밀집도에 대해서 탐구해 볼 수도 있습니다.

이와 같은 방식으로 학습한 개념을 지역의 특성과 정보와 연결 지어 생각하다 보면 민주시민으로서 지역사회에 관심을 가지고, 문제를 해결할 수 있는 역량이 길러집니다. 또한 정보 처리 역량, 합리적 문제해결 역량도 길러질뿐더러 사회 개념 자체가 삶과 연결되어 머릿속에 더 잘 남을 수 있다는 효과까지 누릴 수 있답니다.

• 사회 개념을 우리 마을과 관련지어 생각해 보기
• 사회와 삶을 연결 짓기

체험학습은 지역화의 한 가지 방법이 될 수 있습니다. 여러 가지 사회 개념을 지역과 연관 짓는 과정이 유의미하지만, 부모님이나 학생이 직접 찾아나가며 꾸려야 한다는 어려움이 있습니다. 하지만 지역 내에서 실시하는 여러 체험학습 행사가 있고, 기관들은 이미 지역화된 자료를 활용하기 쉽도록 정돈해 두었지요. 따라서 이러한 기회들을 적극적으로 활용하여 가정 체험학습을 진행해 보세요.

가끔 부모님들께서 체험학습은 여행이며 무언가 거창한 것을 경험하러 가는 것으로 생각하시는 경우가 있습니다. 사회 학습을 위해서는 물론 거창한 체험도 좋지만, 그것보다는 우리 마을에 있는 사소하지만 일상적인 체험이 더 큰 도움이 된답니다. 지역에서 실시하는 마을 축제나 미술관, 박물관, 체험관이 있다면 적극적으로 방문해 보세요. 동네에 있는 인적이 드문 향교를 방문해 보는 것도 좋고, 주민센터에서 열리는 전시회에 참여해 보는 것도 좋습니다. 자녀와 함께 손잡고 경험하고 이야기 나누는 것, 우리 지역에 대해 알아보는 것만으로도 큰 사회 교육이 된답니다. 백문이 불여일견이라고, 직접 보고 들은 자료는 쉽게 잊을 수 없겠지요?

마지막으로 인근 지역의 여러 체험 기관을 찾기 어려워하실 것 같아서 팁을 드리고자 합니다. 다음에 알려드리는 방법으로 접속해 보시고, 체험 기회를 가져보세요.

- 체험 기회에 참여하기
  - 지역 축제, 행사, 전시회
  - 박물관, 미술관, 체험관
- 우리 지역의 체험학습을 알아볼 수 있는 방법

크레존 https://www.crezone.net/

한국과학창의재단에서 운영하는 사이트로서 전국 각 지역별 체험 행사와 프로그램이 소개되어 있습니다. 지역별 문화와 특색에 맞는 체험활동을 찾아보세요.

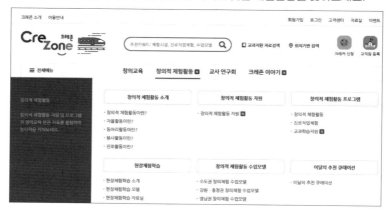

방법 3 주제를 설정해 보세요!

'○○사회학'이라는 다양한 학문이 파생되는 것처럼 사회의 범주는 무궁무진합니다. 초등 교육과정에서 사회의 범주만 해도 자연환경, 인문환경, 경제, 정치, 법, 지리, 역사 등이 있지요. 이렇게 넓은 세상 속에서 모든 것을 익히라고 하는 것은 아이들에게는 참으로 어려운 일이지요. 따라서 사회를 공부할 때에는 한 가지 주제를 테마로 삼아 학습해 보는 것을 추천합니다. 실제 학교에서도 한 가지 주제를 가지고 학습을 이어나가는 '프로젝트 학습법'을 자주 사용한답니다.

예를 들어 '환경'을 주제로 삼았다면, 환경과 관련된 다양한 사회 요소를 찾아보는 겁니다. 환경을 위한 법은 무엇이 있는지, 국가는 어떻게 환경을 지키며 나라를 운영하는지, 환경과 관련된 역사 자료는 무엇이 있는지, 자연환경과 인문환경은 과거부터 어떻게 바뀌어 왔는지 등을 스스로 찾아보며 자료집을 만들어 나가는 것이지요. 이 자체가 하나의 프로젝트 학습법이며 학생이 스스로 원하는 활동을 해 나가는 자기주도적 학습법이랍니다.

프로젝트 학습에서 유의할 점은 부모님의 역할은 지도자가 아닌 조력자라는 사실입니다! 아이에게 학습의 기회를 만들어준 뒤, 옆에서 보고 들으시며 무엇을 원하는지 집어내어 교육활동으로 이어갈 수 있게끔 해 주시면 됩니다. 아이가 원하는 대로, 원하는 방식으로 활동을 풀어나갈 수 있도록 지원해 주세요. 가끔 길을 잘못 들었을 때 바른길로 갈 수 있는 내비게이션이 되어주시면 됩니다.

• 한 가지 주제를 정해 프로젝트 학습 추진해 보기
 - 주제에 대해 다양한 자료를 탐색하고 분석하고 정리하는 과정을 조력하기

사회는
NIE 공부법으로

혹시 2000년대에 어떠한 공부법이 유행했는지 기억하고 계시나요? 그 당시 사설 읽기에 대한 붐이 불어 학부모님들이 엄청나게 몰려들었다고 합니다. 특히 아이들이 신문을 읽지 않아 강제로 읽도록 시키거나, 사설 부분만 편하게 볼 수 있도록 매일 신문이 도착하면 사설을 잘라 스크랩해 주는 부모님도 계셨지요. 신문 사설은 사회의 문제나 부조리함을 꼬집고 인식을 개선하기 위해 다양한 주장을 펼치는 글입니다. 타인의 생각을 읽고 자신의 사고를 넓힐 수 있다는 장점이 있으나, 아이들에게는 무척이나 어려운 글입니다.

신문을 활용한 교육은 사설 읽기 붐 이전부터 있었다고 합니다. 신문을 활용한 교육을 NIE(Newspaper In Education)라고 부르는데, 이 용어는 1976년도부터 사용되었다고 하니까요. 미디어 매체가 부족했던 과거에는 신문이 사회를 시시각각 반영하는 문자 매체였기에, 더욱 각광받았을 것입니다. 신문을 이용한 교육은 현대 사회에서도 여전히 사랑받고 있다는 사실을 알고 계셨나요? 학교에서도 흔히 사회 수업, 일부 국어 수업에서도 신문 기사 자료를 적극적으로 활용하고 있습니다.

한 논문에 의하면 NIE의 효과를 증진시키기 위해서는 가정의 협력이 중요하다고 합니다. 실제로 자기주도 학습과 NIE의 관계를 연구한 논문을 살펴보면, 가정에서 신문을 활용하여 활동을 한 경험이 있는 아동들의 자기주도 학습 수준이 통계적으로 높았다고 결론을 내었지요. 신문을 이용하는 것이 왜 자기주도 학습과 연관이 있을까요? 앞서 말씀드린 바와 같이 신문은 언론 매체로서 여러 특성을 가지고 있습니다. 우리가 살고 있는 사회의 모습을 매일 빠르게 반영하고 있으며, 국제관계나 경제 부분까지 폭넓게 다루고 있습니다. 따라서 다양한 사람들의 관심사와 관련짓기 쉽고, 자신에게 유용한 정보를 준다는 점, 글을 통해 사고력을 기를 수 있다는 점 등 여러 특징들이 독자의 자기주도성을 키웠을 것입니다.

본론으로 들어가 어떻게 신문을 활용하여 NIE 자기주도 공부를 실천할 수 있을까요? NIE를 진행해 볼 수 있는 단계들과 팁에 대하여 알아보도록 하겠습니다.

　매번 말씀드리지만 자기주도 학습에서 가장 중요한 것은 학습자 스스로 '하고 싶다!' 또는 '해야 한다!'라고 느끼게 만드는 것입니다. 이러한 내적 동기를 만들기 위해서는 학습에 대한 부담감을 없애고, 흥미를 느끼게 만들어야 하지요. 하지만 아이들에게 신문을 읽으라고 한다면, 신문이라는 단어만 보아도 재미없다고 생각할 것입니다.

　초등교육 속의 NIE는 사실 신문을 활용하기보다 구체적으로는 기사를 활용한답니다. 일반적으로 생각하는 기사는 사회, 경제, 과학 등이 떠오르지만, 일부 몇몇 아이들을 제외하고는 관심을 갖기 힘든 주제이지요. 따라서 부모님이 생각하시기에 교육적인 범주의 좋은 기사문들을 사용하고 싶더라도, 일단은 내려두고 아이가 좋아하는 분야의 기사를 찾아서 아이들에게 쥐어주시기 바랍니다. 아이가 좋아하는 게임, 아이돌을 비롯한 연예인 등 무엇이든 괜찮습니다. 포털 사이트의 뉴스 게시판에 들어가 단어 하나만 검색하면 자료는 넘치니 찾기도 쉬울 것입니다. 이러한 자료를 선정하여 자녀와 함께 읽어보는 것만으로도 NIE의 첫 단계는 통과입니다. 자신이 좋아하는 분야의 기사를 부모님과 읽어보며 신문에 대한 부담감을 줄이고, 흥미도 가지며 부모님과 함께 대화하고 소통하는 시간을 갖는 것에 의의를 두세요.

• 신문 기사에 대한 부담감 줄이기

• 아이가 좋아하는 분야의 기사문을 함께 읽어보기
• 주제에 대해 대화하며 생각 나누기

STEP 2 신문 기사를 여러 방법으로 활용해 보세요!

STEP 1의 활동을 여러 번 반복하다 보면 아이는 신문 기사에 대한 부담감이 많이 줄어듭니다. 또한 부모님과 함께 여러 이야기를 나누다 보면 그 분야에 대해 더 깊이 알게 되거나 의문점, 생각해 볼거리가 생기기 마련입니다. 이러한 때 부모님께서는 생각할 거리를 집어내는 역할을 해 주시면 됩니다. 여기서 한 가지 팁은 생각해 볼거리를 인성과 연결 지을 수도 있고, 환경 교육과 연결 지을 수도 있고, 사회현상과 연관 지을 수도 있습니다. 부모님께서 생각하시기에 자녀에게 필요한 요소와 연관 지으시면 좋습니다.

예시

부모 : 방탄소년단에 대한 기사를 읽다 보니까 아이돌이 가지는 영향력은 엄청난 것 같아. 영균이가 생각하기에 어떠한 영향력이 있는 것 같아?

자녀 : (대답)

부모 : 아빠가 생각하기에는 아이돌이 세계에 한국 문화를 널리 알릴 수 있고, 외국과의 관계도 돈독하게 해 줄 수 있을 것 같아. 그리고 공연이나 음반을 통해 해외에서 경제적 수익도 낼 수 있지. 또 무엇이 있을까?

자녀 : (대답)

부모 : 영균이는 한국의 아이돌 문화를 바탕으로 우리 대한민국을 성장시키려면 어떻게 하면 좋다고 생각하니?

자녀 : (대답)

자녀가 아이돌을 좋아한다는 가정으로 예시문을 작성해 보았습니다. 생각보다 단순하지요? 위와 같은 방식으로 사회현상과 연관 지어 생각할 거리를 뽑아낼 수 있습니다. 이렇게 대화를 이어나가면서 아이가 가장 흥미를 보이거나 쉽게 생각하는 주제를 하나 정해 추가 활동을 해 봅니다. 활동의 범주는 다양하게 진행할 수 있습니다. 기사문을 통해 소재를 끌어오는 것일 뿐, 아이가 활동을 통해 정보 처리 역량, 논리적 사고 역량, 언어 표현 역량, 의사소통 역량을 기를 수 있도록 해 주세요. 다만 이 단계에서는 아이가 주제에 대해 자신의 의견을 고민해 보고 논리적으로 표현할 수 있도록 해 주어야 합니다. 또한 글쓰기를 싫어하거나 거부하는 경우에는 부담을 완화하기 위해 질문을 주고받거나 대화로 진행해도 괜찮답니다.

- 생각할 거리 뽑아내기
- 기사문을 활용한 추가 활동 진행하기(새로운 주제와 관련지어)
  - 토의 · 토론 진행하기
  - 추가 정보 탐색하여 다이어리 꾸미기
  - 예술 활동하기(그림 그리기, 만들기, 색칠하기, 음악 · 체육 활동 등)
  - 새로운 나만의 신문, 광고 만들기
  - 기사 비교 · 평가문 쓰기
  - 가상 인터뷰 해 보기

STEP 3 사회 교과서와 연결 지어 보세요!

기사문을 활용하여 활동까지 마무리하였다면, 마지막으로 사회 학습과 연관 지으며 활동을 마무리합니다. 자신이 알고 있던 사실,

새롭게 알게 된 사실을 한 줄로 정리해 보면 좋습니다. 그리고 정리한 내용을 사회 교과서 속에서 찾아보는 것이지요. 이전에 배웠던 내용, 앞으로 배울 내용 상관없이 교과서를 여기저기 살펴보며 연결고리를 찾는 것입니다. 때때로 주제가 포괄적이라 아이 스스로 연결고리를 찾기 힘들어할 수도 있는데, 부모님께서 찾는 연습을 몇 번만 도와주신다면 아이 스스로도 가능해집니다. 어떻게 해서든 의미 부여를 해서 사회 책 속에서 내용을 찾아보세요.

이러한 방식으로 사회 교과서의 내용을 한 번 더 눈으로 읽고 느끼게 된다면 복습과 예습의 효과를 누릴 수 있습니다. 또한 학교 사회 수업 시간에 배경지식이 많아져 집중력과 적극성도 기를 수 있지요. 더불어 아이가 의욕이 있는 경우 더 알고 싶은 사실에 대해서도 추가 활동을 진행해 볼 수 있답니다.

아이들이 느끼기에 사회 수업은 자신과 관련이 없다고 생각하기 쉽습니다. 하지만 이 단계는 그러한 고정관념을 깨기에 적합하지요. NIE를 이용한 교육활동을 통해 아이가 사회 수업이 자신에게 얼마나 필요하고, 얼마나 관계가 깊은지 깨닫게 해 주며, 아이 스스로 자기주도적으로 공부에 임할 필요성을 느끼게 해 준답니다.

• 내용 정리하기 : 내가 알고 있던 사실, 새롭게 알게 된 사실 한 줄 적기
• 사회 교과서에서 내용 연결고리 찾기
• 더 알고 싶은 내용 생각해 보기
• 신문 기사를 통해 사회와 내 삶의 연결고리 찾아보기

초등 한국사 공부의 중요성

    대한민국 사교육 현장을 살펴보면, 이전에 비해 한국사 공부의 열기가 뜨거워지고 있습니다. 무엇 때문인지 알고 계시나요? 여러 가지 이유가 있겠습니다만, 아마 대입 방식과 채용시장의 변화가 가장 큰 역할을 하지 않았나 싶습니다. 고등학교 교육과정에서 문이과 통합과 한국사가 필수로 바뀌었으며, 각종 국가기관과 공공기관, 사기업에서 한국사 과목을 응시하거나 한국사능력검정시험 자격을 의무화하였습니다. 실제로 교사가 되기 위한 임용시험에도 기본 응시자격으로 한국사능력검정시험이 조건이었고 저 또한 선생님이 되기 위해 한국사 공부를 하기도 했으니까 말이지요. 하지만 여러분들은 한국사 공부를 왜 한다고 생각하시나요? 좋은 대학에 가서 좋은 직장을 얻기 위해서라고 답하는 분들이 충분히 계실 것 같습니다만, 이러한 현실은 너무 가슴 아픈 일이지 않을까요?

현재 적용되고 있는 초등학교 사회 교육과정을 살펴보면, 한국 사는 5학년 2학기에 배치되어 있습니다. 민주주의 정부가 이루어지고 현대의 대한민국이 되는 이야기는 6학년 1학기에 배치되어 있습니다. 5학년 때부터 한국사 교육이 시작되는데, 아이들은 정말 많은 어려움을 겪게 되지요. 그래서인지 작년에 5학년 담임을 하면서 정말 많은 질문을 받았습니다.

"선생님, 한국사 너무 어려워요."
"왜 해야 하는 거예요?"
"한국사 수업은 진도가 너무 빨라요!"

이 질문들은 교사로서도 이미 예상했던 것이고, 충분히 그러한 생각을 할 수 있을 법합니다. 우선 초등학생들에게 한국사 공부는 어려울 수밖에 없습니다. 정확하진 않지만 흔히 이야기하는 대한민국의 반만년 가까운 역사를 한 학기 만에 가르치기 때문이지요. 한 학기라고 하면 길어 보이지만, 실제 교시 수로 따져본다면 저희 반 기준, 총 42교시(1교시당 40분)밖에 되지 않는답니다. 42차시 만에 대한민국의 수립까지 가르치려면 내용은 그만큼 생략되고 함축적일 수밖에 없습니다. 국가에서는 학생들의 학업 부담을 완화하기 위해 내용을 줄였지만, 이것이 다른 의미로는 역사 수업의 흐름을 원활하지 않게 만드는 계기가 되어버렸습니다. 역사 수업을 하는데 인과관계가 설명되지 않고, 사건의 흐름이 이해하기 어렵게 되어버린 것이지요.

따라서 현직 교사인 저도 한국사 공부는 초등학생 시기부터 시작하는 것이 좋다고 생각합니다. 짧은 한 학기 동안의 시간이 아닌, 더 긴 시간을 투자하여 우리나라의 역사를 맛보는 과정이 있다면 이후 교육과정에서 수업으로 만나는 한국사가 더욱 쉽고 재미있게 느껴질 것입니다. 한국사 공부의 포인트는 흐름이기 때문에, 이 흐름을 알고 있는 아이는 사회 수업의 강자가 될 수밖에 없습니다. 따라서 아이의 관심사와 특성에 따라서 초등학교 중학년 시기부터 우리나라가 어떻게 건국되었는지, 어떠한 왕조와 사건들이 있었는지 맛보는 정도의 한국사 공부는 필요하다고 생각합니다. 만화나 애니메이션, 영화, 체험학습 등 다양한 방법을 활용하여 쉬운 수준으로 우리나라의 역사를 시간순에 따라 맛보고, 간단하게 기록해 보세요. 교육 효과와 자기주도성 신장 효과가 엄청날 겁니다. 아이들이 실제로 역사 수업 후에 말하길, "선생님! 제가 봤던 것이 나와서 이해도 잘되고, 재밌고, 짜릿했어요!"라고 하니까요.

사회적인 이유로 한국사 공부가 붐이 일어난 것은 사실입니다. 하지만 우리는 한국사 공부가 필요한 이유에 대해서도 생각해 보아야 합니다. 아이들은 대한민국을 이끌어나갈 인재로서, 과거를 통해 미래를 내다볼 수 있어야 합니다. 민족의 겨레를 알고 공동체 의식을 형성하며, 나라를 책임지는 민주시민으로서 성장해 나갈 수 있어야 합니다.

한국사 공부법

　초등학생에게 한국사란 너무나도 어렵고도 알 수 없는 미지의 세계처럼 느껴집니다. 어제 먹은 반찬도 기억이 잘 안 나는데, 몇백 년, 몇천 년 전의 일을 기억하라는 것은 있을 수 없지요. 하지만 우리는 대한민국의 국민으로서 한국사를 공부하고 그 흐름을 이해해야 합니다. 초등학교 5~6학년군 아이들에게 한국사 수업을 여러 번 해 보면서 느꼈던 현직 교사의 공부 방법과 공부 깊이 정도에 대해 제안해 보겠습니다.

1. 한국사 공부는 배경과 흐름을 이해하는 것에 중점을 두세요.

　아이들이 한국사 공부를 할 때 단순히 어떤 왕, 어떤 사람을 중심으로 어떤 일이 있었는지만 기억합니다. 초등학생 수준에서 이 정도만 기억해도 엄청 훌륭합니다. 하지만 조금 더 효율적으로 공부하기 위해서는 만화책, 영화, 교과서 등 어떠한 방식으로 한국사를 공부하더라도 '배경과 흐름'에 초점을 두고 공부하게 해 주세요. 지금 이 사건이 어떠한 배경에서 일어났고, 어떠한 흐름으로 역사가 흘러가는지에 초점을 두는 것입니다. 한국사 공부를 할 때 자녀에게 육하원칙에 의거하여 해당 사건이 '언제 일어났니? 어떻게 일어났니? 왜 일어났니?' 등과 같이 질문하며 흐름을 이해하고 있는지 확인해 보면 좋습니다.

2. 연표를 꼭 활용하세요.

우리 대한민국의 역사를 하나의 연표로 표현한 자료를 꼭 준비해 주세요. 인터넷에 검색해 보면 고조선부터 대한민국 현대까지 하나의 도표로 연도와 시대 구분만 적어서 만들어놓은 자료가 많습니다. 연표 위에 구체적으로 사건이 하나씩 다 들어 있는 것보다, 초등 수준에서는 큰 흐름의 시대 구분만 있는 연표를 활용하는 것이 더 좋습니다. 이러한 연표를 책상 앞에 붙여놓고 한국사 공부를 할 때 반드시 지금이 어느 시대에, 어느 기점에 있는지를 확인하게 해 주세요.

3. 시대를 넘나들기보다 한 시대에 집중해 주세요.

아이들이 한국사 공부를 하다 보면 끌리는 부분 부분을 공부하기 일쑤입니다. 하지만 효율적인 학습을 위해서는 한 시대에 집중하는 것이 좋습니다. 가장 좋은 것은 하나의 프로젝트로 삼아 한 달 또는 한 학기 동안 고조선부터 대한민국까지의 역사를 순서대로 찾아보고 공부하는 것이 좋습니다. 하지만 만약 이러한 것이 어렵다면 삼국시대 하나를 꼽아 그 범주 안에서는 자유롭게 다양한 책과 자료를 찾아 공부할 수 있게 해 줍니다. 삼국시대와 조선시대를 번갈아가며 학습하는 것은 큰 흐름을 공부하는 데 방해가 될 수도 있답니다.

- 시대 구분 예시 : 선사시대 / 삼국시대 / 통일신라 / 고려 / 조선 전기 /
조선 후기 / 일제강점기 / 대한제국 / 대한민국

4. 인물을 중심으로 한국사를 요약해 보세요.

한국사 내용이 너무 많다 보니까 아이들이 기억하기 힘들어합니다. 따라서 아이들 스스로 한국사 내용을 요약하여 공부하는 방법을 활용해 볼 수 있습니다. 위에서 말한 내용은 시대를 기준으로 한국사를 구분하였다면, 이번에는 인물을 중심으로 한국사를 구분 지을 수 있습니다. 과거 삼국시대부터 고려, 조선, 대한민국까지 그 과정을 크게 놓고 각 시대의 대표적인 인물 몇 명만을 추려냅니다. 그리고 그 인물에 대해서 시대순으로 살펴보며 시대의 배경, 사건 등을 알아보고 정리해 보는 것입니다. 시대별로 두세 명의 인물만 탐색하여 부족한 부분이 있을 수 있지만, 한국사의 큰 흐름을 이해하는 데에는 큰 도움이 될 것입니다. 적어도 고려, 조선 순서도 헷갈려 하는 아이들에게는 말이지요.

5. 초등 한국사 공부는 맛보기 수준입니다.

초등학생의 한국사 교육과정을 살펴보면 앞서 설명한 대로 정말 간단하고, 많은 내용이 요약되어 있습니다. 그중에서도 정말 중요하고 초등학생 수준에 가능한 요소들만 교과서에 수록되어 있지요. 따라서 초등학생 한국사 공부는 맛보기 정도로 생각해 주셔야 합니다.

모든 내용을 초등학교에서 한 번에 잡으려고 욕심을 내서는 안 됩니다. 조금 자세히 들어가보면, 사실 한국의 교육과정에는 브루너라는 교육학자의 '나선형 교육과정' 방식이 접목되어 있습니다. 뱅글뱅글 도는 나선형이 계속 돌면서 같은 지점을 거치는 것처럼, 교육과정도 뱅글뱅글 돌면서 같은 지점을 거치되, 점점 넓어진다는 것입니다. 다시 말해 똑같은 한국사 내용을 초, 중, 고 수준을 거치며 반복하고 점점 심화하여 가르친다는 개념이지요. 따라서 초등 수준의 한국사 공부는 맛보기 수준이라고 생각하고 흐름만 느끼게 해 주세요. 지나친 암기 강요는 오히려 한국사 공부의 흥미를 완전히 잃게 만들 수 있답니다.

6. 외워야 할 내용은 이미지로 만들어보세요.

역사는 외워야 할 요소들이 무궁무진하게 많습니다. 사실 초등 수준에서는 외우지 않아도 괜찮지만, 만약 중요한 개념만이라도 외우길 바라신다면 비주얼 싱킹을 활용할 수 있습니다. 비주얼 싱킹이란, 최근 초등학교에서 유행하는 교수 학습법인데, 학습 내용을 한 폭의 그림으로 나타내는 방법입니다. 자신이 학습한 내용을 정리하여 하나의 간단한 그림으로 나타내며, 그 이미지 자체를 머릿속에 넣는 것입니다. 그림을 꼭 잘 그릴 필요가 없으며, 요소의 내용과 관계만 집중적으로 표현하면 됩니다. 또한 꼭 그림을 그리지 않아도 되며, 한국사 내용을 한 장면의 영화나 사진으로 머릿속에 그려 그 자체를 기억해도 좋습니다.

한국사가
재밌어지려면?

한국사는 어른들에게도 딱딱하고 방대하게만 느껴지는데, 아이들에게는 오죽 어려울까요? 어렵다는 것이 재미없다는 것으로 이어지기에 한국사 공부를 더 꺼리게 되는 것이랍니다. 따라서 부모님들은 아이들이 한국사를 재밌다고 느낄 수 있도록 프로젝트 공부를 진행해 볼 수 있습니다. 아이가 스스로 한국사에 빠져들게 된다면, 이것이 바로 자기주도 한국사 공부의 첫걸음이 될 것입니다.

프로젝트 학습이라 함은 거창하게 보이고, 무엇인가 체계적으로 구성해야 한다는 느낌이 있어 부모님들께 부담으로 다가옵니다. 사실 좋은 콘텐츠들이 개발되어 있으나 정돈되지 않았고, 진행 흐름이 와닿지 않아 실천하기 어려우셨을 것입니다. 주변에서 다 하고 있다는 그 프로젝트 학습법을 한국사에 대입하여 순서대로 정리해 보도록 하겠습니다. 프로젝트 공부는 어려운 것이 아닙니다. 하나의 프로세스를 만들어서 여러 활동과 주제에 접목하는 도구로 사용이 가능하답니다.

첫 번째 한국사 인물 프로젝트 공부법

1. 역사 속에서 한 명의 인물을 고른다.
2. 교과서나 책을 활용하여 인물에 대해서 공부한다.

   이때, 인물에 대해 공부하기 전 한국사 전체 흐름과 비교하여 어느 시대의 어떠한 배경 속의 인물인지 큰 틀을 살펴보고 시작해야 좋다.

3. 인물에 대해 대략적으로 알게 되었다면, 인물과 관련된 미디어 자료를 찾아 시청한다.

   만화, 애니메이션, 영화를 활용하는 것이 아이들의 동기를 끌어내기 좋으며, 자신이 글로 보았던 내용들을 콘텐츠로 접하며 더욱 오래 기억할 수 있게 된다.

4. 인물에 대한 추가 정보나 더 알고 싶은 사실을 탐색한다.
5. 우리 지역에서 관련된 체험 장소가 있으면 찾아가 보고, 어렵다면 인터넷을 활용한 전자박물관 등을 관람한다.
6. 포트폴리오 노트를 하나 준비하여 해당 인물에 대한 요약정리 또는 마인드맵 정리를 한다.

TIP

인물과 관련된 역사적 사실을 암기하고 싶은 경우, 프로젝트 공부가 끝난 뒤에 자신이 역사의 주인공이라고 상상하며 음미하는 시간을 길게 갖기를 추천합니다. 우리 머릿속 우뇌는 이미지를 만들고 기억하는 능력이 있으므로, 한국사 공부에 도움이 된답니다. 부모님께서 아이들에게 여러 가지 질문을 제시해 주세요.

– 그 사건에서 그 인물의 생각이나 마음은 어떠했을 것 같니?
– 네가 그 자리에 있었다면 어떻게 했을 것 같니?

두 번째 **달력 프로젝트 공부법**

준비물 : 달력에 표시하며 공부를 진행해야 하므로 큰 달력을 준비해 주세요. 월별로 종이에 인쇄하는 것도 방법입니다.

1. 우리나라의 1년 달력을 펼쳐놓고 어떠한 날들이 있는지 살펴봅니다.
2. 국가 공휴일 외에도 지정된 날들을 검색하여 표시합니다.
   밸런타인데이나 화이트 데이와 같은 상업적 기념일이 아닌, 4·3 희생자 추념일과 같은 역사적인 날들을 찾아보세요! 포털 사이트에 대한민국의 기념일이라고 검색하면 잘 정리되어 있습니다.
3. 자신만의 한국사 달력을 완성하였으면, 날짜에 맞추어 해당 기념일에 대해 공부하는 시간을 갖습니다. 공부 방법은 책과 미디어 자료를 적극적으로 활용해 보세요.
4. 기념일에 대한 배경지식이 생겼다면, 달력의 옆면이나 뒷면에 한 칸씩 자리를 마련하여 간단하게 정리해 나가면 됩니다.
5. 1년 동안 시간이 흘러감에 따라 나만의 한국사 달력을 완성해 보세요.

TIP

달력 기념일에 맞추어 한국사를 공부할 때, 그 날짜에 대해서 알아보며 공부의 범위를 넓혀가세요.
3·1절에 대해 알아보며 유명한 위인은 누가 있는지, 시대적 배경은 어떠하였는지, 교과서에는 어떻게 수록되어 있는지 등 다양한 역사적 사실을 찾아가면 됩니다. 기념일을 중심으로 다양한 역사 지식을 배워가는 느낌으로 달력을 정리해 보세요.

2021. 8月

과학 교육과정 훑어보기

초등학생들에게 자주 묻는 질문 중 한 가지는 "장래희망이 무엇인가요?"가 아닐까 생각해 봅니다. 국어, 도덕, 실과, 창의적 체험활동 시간 등 다양한 교과에서 아이들의 꿈과 희망을 자극하기 위해서지요. 그래서 매년 초등학생 장래희망 TOP 10이 언론에 공개되기도 합니다. 순위를 살펴보면 예나 지금이나 과학자는 항상 상위에 랭크되어 있습니다. 이전에 비해 다양한 직업 세계가 형성되어 전보다는 순위가 떨어지긴 했어도 말이지요. 아이들은 왜 항상 과학자라는 직업을 꿈꿀까요?

과학이라는 학문은 참으로 대단하고 신기합니다. 자연환경이 어떻게 생겨났는지도 과학적으로 해석하고, 우리가 입고 먹는 생활용품도 과학 요소가 가득합니다. 매일 살아가는 이 순간순간에 잘 느끼지 못하고 있지만, 어느새 알고 보면 '이것 또한 과학이었구나!'라고 깨닫고 흥미를 느끼게 됩니다. 아이들은 성인들에 비해 아직 모르는 사실이 많아 이러한 재미를 더 많이 느끼겠지요. 그래서 과학에 대한 호기심과 탐구 의지가 불타오르며 미래에 무엇이든 연구하고 만들어낼 수 있는 과학자를 꿈꾸는 것 같습니다.

초등학교에서의 과학 교육은 참으로 중요합니다. 중학교와 고등학교에서는 전문적인 과학 지식을 학습하지만, 초등학교의 과학 수업에서는 창의성 측면을 더욱 강조하기 때문이지요. 초등학생 아이들은 아직 생각이 말랑말랑합니다. 너무 유연해서 과학 사실에서 벗어난 엄청난 오답을 말하기도 하지만, 그만큼 통통 튀는 창의적인 아이디어를 만들어내기도 하지요. 이러한 시기에 아이들이 올바른 과학 개념과 사고방식을 갖추어 나갈 수 있도록 적극적으로 지원하고 보필해야 합니다.

초등학교 과학 수업은 3학년이 되면서 본격적으로 시작됩니다. '과학'이라는 교과가 신설되며 교육과정에서는 여러 핵심역량을 강조하고 있습니다. 각 핵심역량은 아이가 자연 현상과 사물에 대해 호기심과 흥미를 가지기 위한 기초 요소이며, 또한 과학적 탐구 능력을 바탕으로 사회의 문제를 창의적으로 해결해 나가기 위한 능력이기도 하지요. 학교는 다음과 같은 요소에 집중하여 과학 교육을 진행하고 있습니다.

초등 과학 핵심역량

과학적 사고력	• 과학적 사실을 비판적으로 생각하는 능력 • 다양하고 독창적인 아이디어를 만드는 능력
과학적 탐구 능력	실험, 조사, 토론 등의 방법으로 증거를 모아 새로운 과학적 의미를 구성하는 능력
과학적 문제해결력	과학적 사고를 바탕으로 일상생활의 문제를 해결하는 능력
과학적 의사소통 능력	말, 글, 그림, 기호 등 다양한 방식으로 과학 기술 정보를 표현하며 타인의 생각을 조정해 나가는 능력
과학적 참여와 평생 학습능력	과학 기술의 사회적 문제에 관심을 가지고 적응하기 위해 스스로 학습해 나가는 능력

대부분의 핵심역량에서 언급하고 있듯이 과학 역량을 길러 사회의 문제를 해결하고, 타인과 소통하며, 민주시민으로서 자라날 수 있도록 꾀하는 것이 초등 과학 교육의 목표랍니다. 이러한 다양한 역량을 길러내기 위해서는 여러 가지 실생활 문제 상황에 대해 해결 방법을 고민해 보고, 과학적으로 풀어내는 과정이 필요하지요. 가끔 진짜 과학 수업은 마치 과학자처럼 실험실에 앉아 도구들로 탐구활동을 해야만 가능하다고 생각하시는 분들도 계십니다만, 초등 과학 실험은 실제 실험보다는 일상생활 속 과학 탐구가 더욱 많답니다.

실제로 3~4학년군 과학 수업을 보면, 차가운 물컵을 두고 컵 주변에 물방울이 맺히는 실험을 관찰합니다. '응결'에 대해 알아보는 단원인데 아이들은 이와 관련된 다양한 경험들을 이미 가지고 있지요. 일상생활에서 자주 마주한 사실이라 그런지, 그것이 왜 과학적이고 어떠한 현상인지에 대해 고민해 보려고 하지 않습니다. '컵 주변에는 물이 맺힌다.'라고 기억하며 넘어가 버립니다. 따라서 초등 과학 학습의 핵심은 이러한 요소들을 건드려 주어 과학적으로 사고하고, 탐구하는 과정을 자주 접하게 해 주는 것입니다. 이러한 현상을 마주하였을 때 교사 혹은 부모님들께서 궁금증을 자극해 주시면 됩니다. "왜 물방울이 맺히는데?!"라는 질문 하나가 아이의 생각을 시작하게 만들고, 아이의 답변에 꼬리 질문을 달며 과학적 예상과 탐구와 실험을 이끌어 나가게 합니다.

아이들에게 위와 같이 컵에 왜 물이 맺히는지 물어보면 종종 "컵 속의 물이 밖으로 나와서!"라고 답변합니다. 학교 수업에서도 실제로 이렇게 생각하는 친구들이 많은 편인데, 이럴 때 "컵 속의 물이 밖으로 나왔다는 것을 어떻게 증명할 수 있을까?"로 질문을 할 수 있습니다. 그리고 아이의 말대로 간단한 실험을 하거나 결과를 살펴본 뒤 아이의

예상과 비교합니다. 아이들이 생각한 예상을 깨기 위해서는 컵 속의 물을 오렌지 주스로 바꾸어볼 수 있겠지요? 그럼 아이들은 '앗! 컵 속의 주스는 주황색인데 컵에 맺히는 것은 투명한 물이네!' 하면서 인지 과정에 부조화가 오게 됩니다. 여기에서 또 한 번의 과학적 사고가 진행되는 것입니다.

초등학생의 과학 탐구 과정

부모님		자녀
컵 주변에 왜 물이 맺힐까?	⋯▸	컵 속의 물이 밖으로 나와서!
밖으로 왜 물이 나오는데?	⋯▸	컵에 틈새가 있어서!
그럼 물이 다 흘러서 컵을 못 써야 하는 거 아냐? (또는) 따뜻한 물컵에서는 안 생기는데?	⋯▸	(고민에 빠집니다. 이 순간에 과학적으로 생각해 볼 수 있도록 도와주세요.)
네가 생각한 대로 컵 속의 물이 밖으로 나온다는 사실을 어떻게 증명할 수 있을까?	⋯▸	컵 속의 물과 컵 밖의 물을 비교해! (맛, 색, 냄새 등)
컵 안에 주스를 넣고 살펴보자!	⋯▸	컵 밖에 맺힌 물의 색이 주스와 다름
왜 이러한 결과가 나왔을까?	⋯▸	(사실을 다시 예상해 보고 탐색하여 과학적 개념을 형성할 수 있도록 도와주세요.)

　이러한 방식으로 실제 생활 속에서 마주하고 있는 사실들을 과학적으로 생각해 보고, 예상하고, 관찰하고, 탐구하고, 해석하여 자신만의 과학적 지식을 깨우쳐가는 것이 초등 과학 교육의 핵심이랍니다. 우리 생활을 돌아보고 아이들에게 끊임없이 질문하여 호기심과 탐구심을 자극해 주세요.

자기주도
과학 공부법

　호기심이 넘치는 우리 아이의 과학 공부는 어떻게 하면 좋을까요? 부모님들은 아이 스스로 과학 학문에 관심을 가지고 탐구하며 사고력을 길러나가길 바랄 뿐입니다. 우선 교육과정 구성을 바탕으로 생각해 보면 3, 4학년군에 속한 아이들은 '자연'에 관심을 갖도록 유도해 보세요. 교육과정 흐름상 자연에서 찾아볼 수 있는 과학 요소들이 포함되어 있습니다. 또한 5, 6학년군에 속한 아이들은 과학 원리에 관심을 갖도록 유도해 보세요. 일상생활 속에서 찾아볼 수 있는 과학 원리들이 어떠한 것이 있는지 생각해 보는 것만으로도 과학 학습에 큰 도움이 됩니다.

　과학 자체가 어렵기 때문에 사실 온전히 혼자 공부해 나간다는 것은 어려운 일입니다. 자기주도 과학 학습을 통해 과학 원리를 혼자 이해하고 깨우치기를 바라면 살짝 욕심일 수 있다는 말입니다. 따라서 현직 교사인 제가 생각하기에 자기주도 과학 학습의 핵심은 '과학적으로 사고하는 습관을 갖기'로 정하고 싶습니다. 과학적 사고력과 탐구력을 높이기 위해 사고방식을 연습해 나가는 것이지요. 어떻게 하면 아이들의 과학 역량을 기르고, 앞으로 다가올 다양한 과학 학습에 대한 부담감을 낮출 수 있을지 알아보겠습니다.

방법 I   항상 물음표를 달아보세요!

호기심이 넘치는 아이들은 궁금한 것이 참 많습니다. 항상 부모님들께 '왜? 왜? 어떻게?'라며 물음표를 달지요. 아이들이 하는 질문을 보면 참 의미 없고 단순한 질문이 있고, 또 가끔은 어른들도 깜짝깜짝 놀랄 만큼의 색다른 질문을 하기도 합니다. 이러한 습관은 아이가 과학적 탐구력을 높이는 데 큰 도움이 됩니다. 어떠한 사실을 관찰하여 의문점을 갖는다는 것은 학습의 기회를 포착했다는 신호이지요. 부모님께서는 아이들이 궁금증을 품고 질문하는 것에 대해 적극적으로 칭찬해 주셔야 합니다.

다만, 질문을 거듭해 나갈수록 질문의 질을 높일 수 있도록 지도해 주세요. 단순한 질문이 반복되고, 이에 부응하여 답을 쉽게 알려주다 보면 아이는 점점 사고를 포기하게 됩니다. 호기심과 궁금증을 바탕으로 질문을 격려했더니, 오히려 자기주도 학습과 반대로 생각하는 것을 포기하는 것이지요. 호기심이 생겼을 때, 내가 생각하고 추측하기보다 '부모님한테 물어보면 다 알려줄 거니까!'라고 먼저 판단하고 생각을 접어버리는 상황이 생길 수 있답니다.

따라서 아이가 무언가 궁금증을 표현할 때에는 그 궁금증이 과학적 사고로 이어질 수 있도록 질문해 주세요. 답을 바로 내주기보다, 부모님이 한 번 더 생각해 보시고 어디까지 알려주면 좋을지 고민해 보세요. 부모님이 고민하는 만큼 아이의 사고력이 성장한답니다. 그리고 아이가 생활 속에서 항상 물음표를 달고 표현할 수 있는 분위기를 만들어주세요.

- 아이의 호기심을 적극적으로 수용해 주기
- 답을 알려주기보다 생각할 거리를 주기
- 과학적 사고로 이어질 수 있는 질문하기

방법 2 과학적 오개념을 건드려 주세요!

우리나라의 사계절 중 여름은 가장 뜨겁고 낮이 깁니다. 반대로 겨울에는 가장 춥고 낮이 짧지요. 아이들에게 이러한 사실을 이야기하며, "왜 여름에는 이러한 특성을 가지고 있을까?"라고 묻는다면 아이들은 무엇이라고 대답할까요? 학교에서 수업 중에 실제로 질문을 해 보니 여러 학생들은 "태양이 여름에 더 가까워서요."라고 답을 합니다. 하지만 실제로는 겨울에 태양이 지구와 더 가깝고, 여름에 태양이 지구와 더 멀다는 사실 알고 계셨나요?

우리가 눈으로 보는 사실과 실제 과학적 사실은 다른 경우가 많습니다. 아이들은 눈으로 보는 사실만을 믿고, 생각하기 때문에 실제 과학적 사실을 알아채게 되었을 때 매우 흥미를 느끼게 됩니다. "온열기에서 멀어지면 점점 추워지지 않아? 그런데 태양이 여름에 더 먼데 왜 여름이 더 더울까?"라고 이야기하면 폭발적으로 궁금해하기 시작하지요. 흥미로 시작하여 더 궁금해하고, 더 알고 싶어 하는 내적 동기가 생기는 것입니다. 이로써 아이들은 스스로 알아보고 찾아보는 자기주도 과학 학습이 가능하게 되는 것이랍니다.

- 과학적 사실에 집중해 보기(실생활 속 과학, 과학 오개념 등)
- 흥미를 갖게 된 과학적 사실을 탐구해 나갈 수 있도록 지원하기

방법 3 용어를 정리해 보세요!

학생들에게 과학 수업이 어려운 이유를 물어보면 여러 가지가 있습니다만, 그중 하나가 바로 단어가 어려워서라고 합니다. 처음 보는 단어들과 어려운 낱말들, 평소에 잘 쓰지 않은 말들이 많이 나오기 때문이지요. 과학은 이해인데, 암기처럼 느껴지는 이유도 이 때문일 것입니다. 따라서 학생들이 과학 공부에 대한 부담감을 덜고 스스로 공부해 나갈 수 있는 배경을 만들어주기 위해서는 용어를 정리하는 습관을 길들여야 합니다.

초등 교육과정 3학년 때부터 과학 수업이 본격적으로 시작됩니

다. 따라서 3학년 때부터 과학 용어들이 하나둘씩 등장하기 시작하지요. 이때 아이가 어려워할 수 있는 용어들은 하나의 공책에 한 줄 적기 방식으로 차근차근 정리할 수 있도록 해 주세요. 모든 과학 개념을 다 적는 것이 아니라, 자신이 탐구하여 배운 과학 용어의 뜻을 정리하게 하여 익혀나가는 것이지요. 추후 3학년부터 6학년까지 과학 공부를 할 때에는 한 공책에 모든 용어를 쌓아나가게 하여 포트폴리오를 만들어보는 것입니다. 한 줄 정리 옆에는 간단한 그림을 그려 마치 다이어리를 꾸며나가는 듯한 느낌을 주어도 좋답니다.

단어의 뜻과 왜 그러한 단어가 붙었는지, 한자어라면 어떠한 한자를 썼고, 실생활에서 그 단어를 언제 쓰고 있는지를 같이 탐색해 보면 과학 용어에 대한 이해도 깊어지고 암기도 자연스럽게 가능해진답니다.

- 과학 용어 공책 만들기(단어의 뜻을 한 줄 정리하고, 간단한 그림으로 표현해 보기)
- 용어가 한자어인 경우 한자도 함께 찾아보기
- 과학 용어가 실생활에 쓰이는 경우 살펴보기

방법 4 배경지식은 중요합니다!

과학의 범주는 무궁무진합니다. 생활과학부터 사회과학까지 다양한 범주를 넘나들며, 최근에는 4차 산업혁명으로 인해 과학 산업이 더욱 각광받고 있지요. 모든 분야에서 과학을 빼놓을 수 없답니다.

따라서 우리 아이들이 과학을 직접 느끼고, 자신의 입맛대로 해석해 나가기 위해서는 다양한 배경지식이 필요합니다.

이 부분은 이미 많은 부모님들께서 실천해 주시고 계십니다. 인기가 많은 과학책 전집 시리즈를 들여놓거나 과학 잡지를 정기적으로 구독하기도 하지요. 또는 과학과 관련된 영화를 찾아보며 아이들과 이야기를 나눕니다. 직접 체험을 위해서는 지역 내에 있는 과학 체험관에 방문하거나 지역 축제로 밤 행성 관찰하기 행사에 참여하기도 합니다. 다양한 참여 행사의 기회를 찾기 힘드시다면, 반드시 학교 홈페이지 공지사항란을 살펴주세요. 많은 교육 행사 소식들이 학교로 전해집니다만, 모든 것들을 가정통신문으로 내보내지 못합니다. 학교 업무 담당 선생님들은 홍보물을 학교 홈페이지에 올리지요. 따라서 체험의 기회를 쉽게 탐색하기 위해서는 학교 홈페이지를 적극 활용해 보시길 바랍니다.

이렇듯 다양한 직접, 간접 경험은 아이가 다양한 과학 소양과 탐구력을 기르는 데 도움이 됩니다. 아이 스스로 '나는 다양한 경험이 있어! 그러니까 과학 공부가 겁나지 않아!'라고 생각하게 하여 학습 부담도 줄여줄 수 있답니다.

부모님들께서는 아이들의 과학 소양을 길러주실 때 한 가지만 더 신경 써주시면 좋습니다. 바로 진로와 관련지어 나가는 것이지요. 그냥 단순히 과학 사실을 이해하고 끝나는 것이 아니라, 자신이 꿈꾸는 분야와 새로 알게 된 과학 지식을 연결 지었을 때 어떠한 진로를 꿈꿔볼 수 있을지 고민하게 해 주세요. 4차 산업혁명 시대에는 새로운 직업을 창조해 나가는 능력이 필요하기 때문입니다.

- 과학 배경지식 넓히기(책, 잡지, 영화, 체험관 등)
- 초등학교 홈페이지 공지사항란 적극 활용하기
- 과학 소양과 진로 교육을 연결해 나가기(미래 산업 구상하기, 새로운 직업 창조하기 등)

창의력이 풍부해지려면
어떻게 해야 할까?

　21세기, 4차 산업혁명 시대에는 자기주도력과 창의력, 이 두 가지 역량이 각광받는다고 합니다. 미래 시대에는 대부분의 영역에서 로봇이 인간을 대체하기 때문에, 로봇이 가지지 못하는 인간만의 강점에 집중해야 하기 때문이지요. 로봇은 주어진 정보를 정리하고, 이를 가지고 판단은 가능하지만 새롭고 창의적인 아이디어를 만들어내지는 못합니다. 만들어낸다고 한들 여러 정보들을 융합한 혁신적인 아이디어를 만드는 데 한계가 있겠지요. 따라서 미래에 쓰임받는 인재가 되기 위해서는 아이들의 창의성을 더욱 키워주어야 합니다.

　창의력이 풍부해지려면 어떻게 해야 할까요? 창의력이란 기존에 있던 아이디어를 조합하여 새로운 생각을 만들어내는 것을 뜻합니다. 무에서 유를 창조하기보다는 유에서 새로운 유를 창조하는 과정이지요. 따라서 창의력을 키우기 위해서는 기존의 것을 연결 짓는 힘을 기르는 것이 중요하답니다. 교과와 교과를 연결 짓고, 교과와 생활을 연결 짓는 연결고리를 통해 다양한 생각을 하게 되고, 그 과정에서 깊은 고민 끝에 창의력이 길러집니다. 따라서 이번에는 교육현장에서 각광받는 교육 트렌드와 아이들의 창의력을 기르는 법을 소개하고자 합니다.

STEAM 교육

교육에 대해 조금이라도 관심이 있으신 분들은 한 번쯤 들어보신적 있으실 것입니다. 얼마 전까지 교육계를 크게 뒤흔든 STEAM 교육은 현재까지도 그 열기가 끊임없이 이어지고 있습니다. 교육부, 교육청, 초·중·고를 넘나들어 대학교와 대학원까지 STEAM 교육학과가 생길 정도였으니 말이지요. 창의력을 키워줄 수 있는 방법으로 STEAM 교육이 떠오른 것입니다.

STEAM 교육
https://steam.kofac.re.kr

STEAM(스팀) 교육이란, 융합교육을 뜻하는 말입니다. 과학(Science), 기술(Technology), 공학(Engineering), 수학(Mathematics), 인문·예술(Arts)의 다섯 가지 학문을 융합하여 가르치는 방식입니다. 한 가지 교육활동으로 다양한 교육역량을 가르칠 수 있다는 장점이 있습니다.

스팀 융합교육은 하나의 프로젝트 수업과도 비슷합니다. 간단하게 예시를 들어보자면, 연 만들기 활동을 가지고 다양한 교육이 가능해집니다. 나만의 연을 만들기 위해 여러 정보를 찾아보고, 어떠한 모양의 연이 잘 날 수 있을지 과학을 공부합니다. 바람의 저항, 마찰력, 실의 강도 등에 대해 실험을 해 보며 기술과 공학을 탐색하게 되지요. 또한 연의 크기를 계산하거나 준비물의 양을 준비할 때 수학 개념을 활용하게 되고, 연을 아름답게 꾸미는 예술 활동을 겸비할 수 있습니다. 연을 만든 뒤에는 가족과 함께 행복한 시간을 보내고, 과정과 느낀 점을 하나의 시로 표현해 보면 인문 교육까지 가능해지는 것입니다. 이러한 일련의 과정이 아이가 다양한 학문을 하나로 융합하여 사고할 수 있게 해 주며, 열린 생각으로 창의성이 자라날 수 있게 됩니다.

부모님들께서는 이러한 활동이 너무나 하고 싶으시지만, 아이디어가 떠오르지 않아 고민이 많으실 것입니다. 국가에서는 STEAM 교육이 활성화되면서 각 학교와 가정에서 적극적으로 진행해 보길 바라며 사이트를 개설하여 자료를 배포하고 있습니다. 포털 사이트에 STEAM 교육이라고 검색하면 교육부와 한국과학창의재단에서 운영하는 사이트가 하나 뜹니다. 해당 사이트에서 '학교 밖 융합교육'을 클릭하면 초 · 중 · 고 학교급별에 맞는 프로그램이 수록되어 있으며, 지도안과 학생용 활동지, 활동 자료가 전부 정리되어 제공되어 있으니 쉽고 편하게 적용해 보실 수 있답니다.

▲ 교육부와 한국과학창의재단이 운영하는 STEAM 교육 사이트에 방문해 보세요. 주제별 프로그램 안내나 학교 밖 융합교육 프로그램 등이 게시되어 있어 정보를 얻기에 좋답니다. https://steam.kofac.re.kr

영어 교육과정 훑어보기

　글로벌 사회가 되어가며, 갈수록 영어의 중요성은 커져가는 것 같습니다. 생활 속에서 영어를 접하는 빈도가 높아지고 있기에, 아이들이 느끼는 영어의 존재감은 어른보다 더 크리라 생각됩니다. 이러한 시대의 흐름에 맞추어 초등에서도 영어 교육의 중요성을 인지하고 강조하고 있지요. 그러기에 학부모님들의 영어 교육에 대한 걱정이 커지고 있음을 교사인 저도 실감하고 있답니다. 학부모 상담주간에 영어를 언제부터 어떻게 시켜야 할지, 어떠한 수순과 단계로 해야 할지에 대해 물으셨던 부모님들이 많기도 했지요. 따라서 이번에는 먼저 초등 영어 교육과정이 어떠한 방식으로 구성되어 있는지 설명해 드리고자 합니다.

　초등학교에서 영어 교육은 3학년에 들어서며 교과목이 생기게 됩니다. 자기주도 학습 습관을 3학년부터 길러주어야 한다고 말하는 것도 이와 같은 맥락에서지요. 영어 교과를 4가지 영역으로 나누어 가르치게 됩니다. 네 가지 영역 중에서 가장 중요하다고 생각되는 것은 듣기와 말하기입니다. 초등 수준에서는 정확한 단어를 쓰고 문장을 구성할 수 있는 힘보다 영어라는 언어에 익숙해지고 흥미를 갖게 하며, 대화의 큰 흐름을 이해하는 것이 목적이기 때문이지요. 학생들이 무조건 암기하여 단어를 읽고 쓰기보다는, 먼저 틀리는 부분이 있더라도 자신 있게 음성언어로 이해하고 표현할 수 있도록 해주는 것이 급선무인 것입니다.

언어 기능 / 언어 구분	음성	문자
이해 기능	듣기	읽기
표현 기능	말하기	쓰기

이러한 네 가지 영역을 바탕으로 영어 교과서가 구성되어 있습니다. 본문 225쪽에 첨부한 표는 영어 교과서 한 단원당 수업이 어떻게 진행되는지를 나타낸 표입니다. 3, 4학년군에서는 한 단원당 4차시(교시)의 수업이 진행되는데, 한 주제에 대해 듣기와 말하기를 시작으로 알파벳, 단어 수준의 읽기와 쓰기까지 다루게 됩니다. 그리고 마지막 시간에는 배운 표현을 바탕으로 역할극, 놀이 등 협력 과제를 통해 배운 내용을 정리하지요. 중학년에서 읽기와 쓰기를 가르치기는 하지만, 우리가 생각하는 문장 수준의 문법적인 요소는 크게 다루지 않습니다. 따라서 'I am angry.'라는 말을 듣고 정확한 설

명을 하지 못하더라도 '화났다는 뜻이구나.'라는 문맥적 이해만 해도 성공이라고 말씀드리고 싶네요. 중학년 때부터 문법과 단어를 가르치며 읽기와 쓰기에 부담을 주면 영어 학습의 자기주도성이 현저히 떨어질 수 있다는 점 유의해 주세요.

5, 6학년군에서는 한 단원당 6차시(교시)의 수업이 진행됩니다. 한 주제에 대해 먼저 듣기, 말하기를 2차시 동안 연습한 후 읽기, 쓰기를 2차시 진행하지요. 물론 듣기와 말하기는 초등 영어의 핵심이므로 모든 차시에서 활용됩니다. 그리고 5차시에서는 배운 표현을 직접 활용하여 어구를 완성해 보는 직접적인 쓰기 활동이 시작됩니다. 따라서 5학년부터는 어휘와 문장 구성에 대해 어느 정도 본격적인 준비가 필요한 시기입니다. 3, 4학년 때 어휘가 많이 부족하다고 느낀 친구는 5학년부터라도 초등 영어 단어에 익숙해지기 위해 노력하면 좋습니다. 단, 이때도 마찬가지로 단어를 외우게 하는 것은 옳으나, 단어를 외워서 종이에 써보고 철자가 틀리면 다시 외우게 하는 식의 암기가 아니라 angry라는 단어를 듣거나 보고 '화났다는 뜻이구나!'라고 이해하는 수준이라면 괜찮습니다. 오히려 정확한 철자까지 외워서 적은 수의 단어를 아는 것보다, 정확성은 떨어지지만 다양한 단어를 알게끔 해 주는 것이 초등 영어 학습에 대한 자신감이 더 커질 수 있는 방법이라고 생각합니다.

	3, 4학년군	5, 6학년군
1차시	듣기, 말하기	듣기, 말하기
2차시	듣기, 말하기, 읽기	
3차시	듣기, 말하기, 읽기, 쓰기	읽기, 쓰기(듣기, 말하기)
4차시	통합	
5차시		쓰기(듣기, 말하기, 읽기)
6차시		통합

영어에 대한 벽을 허물기

　초등학생 고학년만 되어도 벌써 "나는 수포자야~ 영포자야~" 하면서 너스레를 떱니다. 초등학교에 다니면서 수학이나 영어를 배운지 얼마 되지도 않았는데, 벌써부터 수학을 포기하고 영어도 포기했다고 선언하는 것이지요. 앞으로 중학교, 고등학교에서 배울 개념들이 얼마나 많은지 모르고, 초등 수준이 얼마나 쉬운 것인지도 모르고 포기하기 바쁩니다. 아마 이러한 이유는 수학이나 영어에 대한 부담감이 있기 때문이지요. 그래서 부모님도 이 부분에 대해서 걱정을 많이 하시리라 생각됩니다.

　특히 영어에 대해서는 언어에 대한 벽을 허무는 것이 중요하다고 생각합니다. 영어를 공부로 생각하고 단어를 외우고 문법을 써서 학습해야 한다고 느끼는 것이지요. 영어 학습을 시작할 때 이러한 인식을 하지 않는 아이들은 영어에 대해 부담 없이 흥미를 느끼며 스스로 찾아가기 마련이고, 결국 자기주도적인 영어 학습을 하기 마련입니다. 실제로 우리나라 영어 자기주도 학습에 대한 연구 결과를 보면 학습자 연령이 높아질수록 자아효능감이 떨어지면서 영어 학습에 대한 격차가 점점 커진다고 합니다. 영어 학습을 시작할 때 부담감을 낮춘 학생일수록 자아효능감에 긍정적인 영향을 주었을 것으로 판단됩니다.

제가 Part 2에서 일본어를 할 수 있게 된 계기를 말씀드린 적이 있었습니다만, 그 경험은 이와 같습니다. 일본 만화를 너무 보고 싶은데, 합리화하고 싶어서 일본어를 배우는 것이라고 생각했던 저의 마음은 일본어가 학습이 아닌 놀이로 다가올 수 있게 해 주었습니다. 한국어 자막과 일본어 음성을 들으며 언어에 익숙해졌고, 점점 흥미가 생겨 다양한 일본 노래, 영화, 드라마를 찾아보게 되고, 문자와 철자를 익히고 싶다는 생각이 들었습니다. 관심은 날로 깊어져 여행을 가게 되고, 친구도 만들게 되고, 국가 프로그램에도 선발되고, 일본 대학원에도 합격하는 등 흥미에서 시작한 일본어가 저만의 무기가 된 것 같습니다. 이처럼 언어는 학습이 아닌 흥미로 접근하는 것이 중요하다고 생각합니다. 공부가 아닌 취미로서, 학생 스스로 마음에서 하고 싶다는 감정이 우러나도록 환경을 마련해 주시면 좋습니다.

언어에 대해서는 부담감을 가질 필요가 없습니다. 언어는 도구와 같아서, 잘못 사용하더라도, 조금의 착각이 있더라도 그냥 사용하면 되는 것입니다. 우리가 드라이버로 못을 고정할 때 드라이버 사이즈가 가늠이 안 되면 이것저것 무턱대고 대보지요? 그리고 조이는 방향이 헷갈릴 때에도 그냥 좌우로 돌려보고 깨닫기도 합니다. 무엇을 집을지, 어떤 방향으로 돌려볼지 크게 고민하지 않고 일단 해 보는 것이지요. 언어도 이와 마찬가지입니다. 언어를 언제 무엇을 어떻게 써야 할지 세세하게 다 이해하고 암기하고 사용하는 것이 아니라 부담감 없이 자신감 있게 그냥 써보려는 자세가 중요하답니다. 따라서 다음에서 알려드리는 자기주도 영어 학습법을 참고하셔서 아이들이 자신감을 갖고 영어에 흥미를 느낄 수 있도록 해 주세요.

자기주도
영어 공부법

영어 학습이라고 하면 가장 먼저 '학원을 보내야 하나?'라고 생각하십니다. 영어를 접하는 환경을 만들기 어렵고, 집에서 직접 가르치기 힘들며, 아이 스스로 공부할 수 없기 때문이지요. 실제로 영어 사교육을 경험한 학생들은 학습 주도성에 영향을 받았으나, 3~4년 이상 사교육 기간이 길어지면서 학습 주도성이 다시 떨어지는 실험 결과가 나왔다고 합니다. 물론 추가적인 검사가 필요하겠지만 지나친 사교육 활용은 아이들에게 부정적인 영향을 줄 수도 있는 것이지요. 따라서 적절한 시기와 방법으로 활용해야 함을 알고 있어야 합니다.

따라서 기본적인 공부는 자기주도성에 기초해야 합니다. 어떻게 하면 영어 공부를 자기주도적으로 이끌어나갈 수 있을까요? 자기주도 영어 공부법에 대해서 알아보기 전에 단 한 가지 전제 조건을 말씀드리겠습니다. 앞서 설명해 드렸던 것과 같이, 초등 영어 학습의 근간은 영어에 대한 자신감을 바탕으로 의사소통 능력을 기르며 영어 학습을 지속해 나갈 수 있는 태도를 만들어주는 것입니다. 부담감을 줄여 영어를 공부가 아닌 흥미 요소, 취미로 느낄 수 있는 환경을 만들어주는 것이 더 큰 목적이라고 당부드리고 싶습니다.

방법 | 단어 공부로 학교 영어 수업의 질을 높이자!

영어 수업이 두려운 이유는 영어가 어렵고, 영어 수업이 이해가 되지 않아서입니다. 초등학교 영어 수업은 어려운 문법을 다루거나, 심오한 표현을 배우지 않는데도 아이들은 어려워하지요. 그 이유는 무엇일까요? 바로 단어 때문입니다. 이 단어를 어떻게 읽는지, 어떻게 읽히는지 알아도 결국에는 무슨 뜻인지 모르기 때문에 영어가 갈수록 부담이 되는 것이지요. 따라서 아이들이 학교에서 영어 시간에 부담감을 느끼지 않고, 오히려 자신감을 갖고 참여하기 위해서는 교과서 영어 단어에 집중할 필요가 있습니다.

교육과정에서는 초등학생 학년군에 따라 영어 단어 개수를 정해두었습니다. 3~4학년군에서는 240개의 낱말을 사용할 수 있으며, 5~6학년군에서는 260개의 새로운 낱말을 사용할 수 있다고 규정하였습니다. 따라서 초등학교 영어 교육 통틀어 500개가량의 낱말만 사용할 수 있다는 것이지요. 많다면 많겠지만, 4년이라는 시간과 초등 영단어 수준을 생각했을 때에는 그렇게 부담이 되지 않을 것입니다. 그러므로 자기주도적인 영어 학습을 위해서는 다른 선행학습보다 영단어가 익숙해질 수 있는 공부를 미리 해 두시길 추천합니다. 각 학년 영어 교과서의 가장 뒤쪽 페이지를 보면 학년 수준에 사용된 영단어가 알파벳순으로 정리되어 있습니다. 학교 진도와 상관없이 조금씩 조금씩 놀이와 연결 지어 익혀나가다 보면 큰 도움이 될 것입니다.

영어에 대한 부담을 줄이고, 자신감을 가진다는 것은 곧 자기주도적으로 영어 공부를 이끌어나갈 수 있는 원동력이 됩니다. 따라서 위와 같은 방법으로 학교 영어 수업 효과도 높이고, 자신감과 자기주도성도 높여보시기 바랍니다.

• 초등 영단어를 미리 준비하여 영어 자신감 높이기
• 영어 교과서 뒤쪽 페이지에 정리되어 있는 영단어 익히기

방법 2 다양한 활동으로 기억력을 높여주세요!

영어는 단어도 문법도 표현도 전부 다 생소하게 느껴집니다. 하지만 영어 학습의 주도성과 자신감을 위해서는 탄탄한 어휘력은 필수이지요. 따라서 아이들이 조금이라도 편하게 영어 학습을 진행하기 위해서는 기억력을 높여줄 수 있는 다양한 전략이 필요합니다. 예를 들어 단어를 외울 때 알파벳만 보고 익히는 것이 아니라, Fly라는 단

어를 보고 듣고 따라 읽으면서 동시에 몸으로 나는 흉내를 내는 것입니다. 감각을 활용한 암기는 기억력을 상승시켜 주는 효과가 있기 때문에, 아이들이 훨씬 쉽게 익힐 수 있습니다. 또한 이러한 단어 학습 후 스피드 퀴즈나 몸으로 말해요 놀이를 통해 학습하면 단어도 정리되고, 스스로 평가도 가능하며 암기 효과도 배가 될 수 있습니다.

이와 같이 놀이를 통해 영어 학습을 진행할 수 있도록 도움을 얻을 수 있는 정보를 몇 가지 공유하고자 합니다. 부모님께서도 아래 정보를 활용하시어 보다 쉽고 편하게, 아이들에게는 재미있고 유익한 영어 학습 시간이 되었으면 좋겠습니다.

※ 검색 시기에 따라 내용이 바뀌거나, 이용 조건이 상이할 수 있으므로 검색 후 확인하고 활용하시길 바랍니다.

1 http://pbskids.org
– 미국 공영 방송국 PBS에서 운영하는 아동 영어 교육 사이트
– 애니메이션 게임을 통해 다양한 단어를 익히고 영어 표현을 들을 수 있음
– 아이들이 좋아하는 노래, 색칠, 게임 등 다수 있음

2 https://www.storyplace.org

– 영어로 스토리가 진행되며, 애니메이션과 노래가 곁들여 있음
– 이야기를 이해하여 게임이나 퀴즈를 풀어나가는 활동도 있음
– 단어를 익힐 수 있는 활동이 있음

3 http://www.cbeebies.com

– 영국 BBC 방송국에서 운영하는 아동 영어 교육 사이트
– 색칠, 노래, 게임, 퀴즈와 함께 영어 공부 가능
– Shows, Play, Watch, Make, Grown-ups 코너

다른 나라는 몇 가지의 언어를 공용어로 인정하며 다문화적 삶을 살아가고 있지요. 싱가포르나 홍콩에만 가도 영어와 중국어, 그리고 그 외 언어들이 공존함을 느낄 수 있습니다. 하지만 대한민국은 한국어만을 사용하는 국가이므로, 영어의 듣기와 말하기를 접할 기회가 적습니다. 따라서 영어에 대한 경험 기회를 따로 마련하려는 준비가 필요한 것입니다.

영어를 접할 기회를 마련하기 위해 이미 부모님들이 많은 노력을 기울이고 계십니다. 하지만 한 가지 포인트를 잡자면 영어가 중심이 아닌, 아이의 흥미나 취미를 중심으로 뻗어나가야 합니다. 다시 말해 영어 기회를 제공하기 위해 영어 DVD를 사주는 것이 아니라, 아이가 좋아하는 영화 DVD를 영어 버전으로 사주어야 한다는 뜻입니다. 아이들의 내적 동기는 자신이 관심이 있는 것으로부터 시작합니다. 그저 영어를 접할 기회를 마련한다고 동기가 생기는 것은 아니지요.

따라서 아이가 좋아하는 만화, 영화, 책, 게임이 무엇인지 파악을 해 보세요. 그리고 그 주제와 관련한 영어 콘텐츠가 있는지 찾아보는 것이 좋습니다. 영어권 국가에서 만든 유튜브 영상도 좋고, 영어 홍보 사이트도 좋고, 영어 광고지도 좋습니다. 그리고 어떠한 정보가 담겨 있는지 아이들과 함께 영어를 접해 가며 영어를 느끼면 됩니다. 자막이나 한국어 설명이 함께 첨부된 자료도 좋으니, 영어를 접하는 기회만 자주 만들어주시면 된답니다. 아이들이 단어를 외우지 않아도, 보거나 들으면서 '이 단어는 한국말로 이 뜻이고, 이렇게 읽히는구나!'라는 경험만 쌓여간다면 그것으로도 영어 학습이 된답니다. 핵심은 영어를 가르치기 위해 어떤 소재를 주는 것이 아니라, 아이가 좋아하는 소재를 중심으로 관련 영어 자료를 많이 접하게 해주시면 된답니다.

- 아이의 관심사 중심으로 영어 콘텐츠 찾아보기
- 영어를 접할 수 있는 기회를 늘리기

창의적 체험활동 훑어보기

지금까지는 초등학교의 교과 교육과정과 공부법에 대해 알아보았습니다. 이번에는 교과 외, 창의적 체험활동과 관련지어 아이들이 자기주도성을 높일 수 있는 방안에 대해서 알아보려고 합니다. 창의적 체험활동은 학교에서도 매주 1~2시간씩 배정하여 운영을 하고 있으며, 학생들이 다양한 범교과 주제에 대해 창의적이고 자기주도적인 활동을 해 나가는 시간입니다. 자율활동, 동아리 활동, 진로활동, 봉사활동의 네 분야로 구성되어 있으며, 교과의 학업 부담에서 벗어나 자신 스스로를 이해하고 개성과 소질을 계발하는 활동을 하지요.

영역	활동 예시
자율활동	자치 활동, 적응 활동, 창의주제 활동
동아리 활동	예술 · 체육 활동, 학술문화 활동, 실습 노작 활동, 청소년 단체 활동

봉사활동	이웃 돕기 활동, 환경보호 활동, 캠페인 활동
진로활동	자기이해 활동, 진로탐색 활동, 진로설계 활동

이러한 영역 구분을 바탕으로 각 시간마다 적절한 활동을 계획합니다. 창의적 체험활동 시간은 이론 교육도 있지만 다양한 체험활동을 구상하려고 하며 현대 사회에서 요구하는 여러 교육 주제들을 다루려고 합니다. 교과에서 다루지 않는 내용도 아이들에게 필요하다고 판단된다면 이 시간을 사용합니다. 교과 외의 주제를 '범교과 주제'라고 부르는데, 현재 교육과정에서 구체적으로 명시하여 가르치고자 하는 범교과 주제는 다음과 같습니다.

범교과 주제 종류

안전 · 건강 교육, 인성 교육, 진로 교육, 민주시민 교육, 인권 교육, 다문화 교육, 통일 교육, 독도 교육, 경제 · 금융 교육, 환경 · 지속가능발전 교육 등

이러한 내용들은 교과 속에도 어느 정도 녹아 있지만, 전문적인 학습을 위해 따로 시간을 내어 강사를 부르거나 프로젝트 체험을 진행한답니다. 학생들에게 필요한 것은 교과 개념뿐만이 아니라 민주시민으로서의 교양과 소양이기 때문입니다. 가정에서도 다양한 범교과 주제에 대해서 탐구해 보고 이야기를 나눠보시길 바랍니다. 창의적 체험활동은 아이들의 흥미를 끌기 쉬워 학습 습관과 생활 습관의 기초를 형성하는 데 도움을 주고, 자기주도성을 키우는 데 유용한 기회가됩니다. 앞으로 알려드리는 여러 교과 외 창의적 체험활동들을 진행해 보며 아이들의 시야를 넓히고 자기주도적인 아이로 만들어주세요.

가정 체험활동은
자기주도의 원동력이 된다!

자기주도 학습과 생활이 가능한 아이들을 분석해 본 결과 다음과 같은 특징이 발견되었다고 합니다. 우선 자기효능감이 높고, 스스로 의욕을 가지고 열심히 참여하는 자세를 가지고 있습니다. 아이들이 아직 어려서 스스로 무언가를 할 수 없을 것만 같은데, 빠른 아이들은 초등학생 때부터 이미 자기주도적 성향을 갖고 있기도 하지요. 그런 아이들은 어떠한 비결이 있었던 걸까요?

비결은 따로 있지 않습니다. 다만 아이 스스로 하고 싶은 것을 찾아 할 수 있도록 기회가 많이 있었을 뿐이지요. 학생들의 일과는 공부가 주류이기 때문에, 공부에 대해서 스스로 동기를 갖기는 어려워 보입니다. 그래서 다른 일상생활이나 취미, 특별한 활동에 폭발적으로 관심을 갖지요. 학창 시절을 생각해 보면 공부 외의 것은 무엇이든 재밌어 보이잖아요?! 그와 같답니다. 따라서 아이들의 자기주도 성을 보다 쉽게 키워주기 위해서는 다양한 체험활동을 통해 아이들의 흥미와 내적 동기를 자극해 줄 필요가 있습니다. 학습으로 시작하지 않아도, 자기주도성이 키워지면 자기주도 학습으로 이어질 수 있답니다.

초등학교 기준으로 매년 20일간의 체험학습을 신청할 수 있다는 사실, 알고 계셨나요? 학교마다 사정이 조금씩 다를 수는 있는데, 연초에 가정통신문을 통해 확인해 보면 대부분 1년간 가정 체험학습을 20일 인정해 준다고 안내를 받으실 겁니다. 학교에 출석하지 않아도, 가정 나름대로의 체험학습을 진행하면 출석을 인정해 주는 제도이지요. 담임교사로서 보면 어떠한 부모님은 무조건 학교에 나가도록 하는 부모님이 계시고, 반대로 가정에서 다양한 교육활동과 체험활동을 위해 종종 체험학습을 신청하는 부모님도 계십니다. 사용유무에 크게 의미는 없지만, 다만 가정 체험학습을 쓰면 학교 진도와 아이 교육에 뒤처진다고 생각하시는 분들께는 조금 생각을 바꿔보시라고 권유하고 싶네요.

학교 교육과정은 법정교육 시수 안에 많은 성취기준을 넣어야 하다 보니 시간이 많이 부족합니다. 여러 주제를 꼼꼼하게 살피고 다양한 활동을 하고 싶어도 현실적으로 불가능하지요. 담임으로서 특히 아이들의 미래와 관련 있는 계기 교육이나 진로 교육 같은 경우에는 조금 더 시간을 할애하고 싶지만 불가능하여 넘어가는 경우도

허다합니다. 따라서 부모님들께서 창의적 체험활동을 가정에서 적극적으로 활용해 보시면 좋습니다. 학교 수업 진도와 부딪힐까 걱정이 되신다고요? 너무 걱정하지 마세요. 초등학교 수준에서의 학교 진도는 가정에서 예습, 복습 한 번으로 얼마든지 따라잡을 수 있습니다. 그러하더라도 걱정이 되신다면 한 가지 팁을 드리겠습니다. 매주 학교에서 공지하는 주간학습안내(학습계획서)를 살펴보시면 요일마다 어떠한 교육활동이 진행되는지 알 수 있습니다. 당일의 교과목이나 교과 내용을 살펴보시고 진도와 상관없는 부분이거나 아이에게 부족한 수업이 아니라면 과감하게 체험학습을 신청하여 진행하셔도 좋습니다. 체험학습으로 빠지는 날의 수업을 꼼꼼히 살펴보면 어떻게 해야 할지 감이 올뿐더러, 걱정도 덜 수 있지요.

가정에서 아이들이 좋아하는 주제를 중심으로 자녀 맞춤 체험활동을 진행해 보세요. 아이 스스로 무엇을 원하는지, 어떠한 활동을 해 보고 싶은지를 계획하고 추진해 보게 해 주세요. 활동에 적극적으로 참여하고 결과물까지 만들고 발표를 하게 해 주세요. 이러한 경험과 자료들은 점차 누적되어 자녀가 학교에서 자신감을 가지고 수업에 열심히 참여할 수 있게 해 주고, 스스로 이루어낼 수 있다는 자신감과 자기효능감, 자신의 삶을 이끌어나갈 수 있는 자기주도성도 키울 수 있답니다. 가정 체험학습을 적극적으로 활용해 보세요!

창의적 체험활동 체험 자료 관련 사이트

- 자녀의 초등학교 홈페이지 공지사항란
- 크레존 https://www.crezone.net/
- 경기꿈의학교 https://village.goe.go.kr/
- 꿈길 http://www.ggoomgil.go.kr
- 원격영상 진로멘토링 https://mentoring.career.go.kr
- 에듀넷 티클리어 https://www.edunet.net
- 나이스 학부모서비스 사이트(의사소통 탭 → 공모전 안내)

나만의
동아리를 만들자

　　학교에서는 창의적 체험활동 시간을 활용하여 동아리 활동을 운영하고 있습니다. 학교마다 운영 방식은 다르지만, 학급 단위, 학년 단위, 학교 전체 단위로 다양한 활동을 진행 중이지요. 하지만 코로나로 인해 온라인 학습이 병행되면서 동아리 활동이 멈추기도 했습니다. 제가 근무하는 학교의 저희 학년에서는 대면 수업을 하더라도, 가끔 있는 동아리 시간에는 학생 개별적으로 자기계발 활동을 진행하였습니다. 그래서인지 아이들 한 명 한 명의 취미가 무엇인지, 어떻게 자기계발 활동을 하고 있는지, 얼마나 의욕적인지 한눈에 보이기 시작했지요. 또한 온라인에서 진행되는 실시간 쌍방향 수업 때에도 자기가 직접 진행 중인 자기계발 활동에 대해 소개하기도 했는데, 아이들 간의 활동 수준 격차는 상당했습니다.

아이들은 누구나 취미를 가지고 있습니다. 자신이 가진 취미를 얼마나 열심히 가꾸고 있는지에 따라 아이들의 학업 자신감에는 큰 차이가 있었습니다. 어떠한 아이는 클레이 점토로 동물 피규어를 만들었는데 교사인 저도 깜짝 놀랄 만큼의 수준을 보여준 아이도 있었고, 네일아트를 취미로 삼아 시즌 분위기에 맞춘 다양한 네일 디자인을 보여준 친구도 있었습니다. 이 외에도 반려동물 기르기, 음악 창작하기 등 다양한 자기계발 활동을 볼 수 있었지요. 교사인 제가 봐도 정말 신기하고 흥미로웠는데 아이들은 오죽했을까요? 자기가 하고 있는 활동이 다른 사람들에게 관심을 사고, 타인은 갖지 못한 자신의

▲ 온라인 수업 중 아이들과 함께 깜짝 발표 시간을 가졌습니다. 자신이 그동안 해 왔던 자기계발 활동이나 소중한 것에 대해 소개하는 시간이었습니다. 아이들은 자신의 이야기를 풀어가며 다른 친구들과 선생님의 격려를 받았습니다. 그래서 인지 실시간 온라인 수업 때마다 "선생님, 오늘은 안 해요?!"라면서 엄청난 의욕을 보였지요. 자신이 스스로 의욕을 가지고 활동을 해 나간다는 것이 자기주도성의 첫걸음입니다.

능력이 타인들에게 각광받을 때의 쾌감은 이루 말할 수 없었을 것입니다.

이러한 쾌감은 아이들에게는 성공의 경험으로 작용합니다. 자신이 하고 싶은 욕구를 실천했을 뿐인데 타인에게 인정을 받았기 때문이지요. 쾌감을 느낀 학생들은 그 활동에 대해 더욱 열정을 불태우며 내가 할 수 있는 또 다른 활동을 찾아나가기 시작합니다. 새로운 작품을 만들거나, 새로운 활동을 찾거나, 자신의 활동과 관련된 새로운 정보를 찾아 소개하는 등의 과정을 거치며 전문가로서 거듭납니다. 자기주도성을 기르기 위해서는 내적 동기가 중요하다고 했던 것처럼, 동아리 시간의 자기계발 활동이 자기주도성을 신장시킨 것입니다. 앞으로 학교의 동아리 활동 시간은 다양한 방식으로 운영될 것 같습니다. 대면 또는 온라인 수업 시간에 여러 활동들이 진행되겠지만, 그것과는 별개로 가정에서 별도의 동아리 시간을 만들어 나가길 추천합니다.

부모님은 우리 아이가 무엇을 좋아하는지 알고 계시나요?

오늘이라도 당장 아이에게 한번 물어보세요. 무엇을 좋아하는지, 무엇을 하고 싶어 하는지, 어떠한 취미를 갖고 싶은지 말이에요. 그리고 아이가 스스로 하나의 동아리를 만들고, 꾸준히 활동을 진행할 수 있게 도와주세요. 어떠한 동아리를 만들고, 어떻게 운영할지 계획을 세우고, 활동을 진행해 나가는 과정을 주체적으로 할 수 있게 해 주세요. 앞서 말씀드린 체험학습과 같은 맥락입니다. 취미로 시작하는 자기주도 동아리 활동은 아이들의 자기주도성을 신장시키며, 자기계발 활동을 주도적으로 해 나가는 아이들은 자기주도 학습 능력 또한 뛰어나답니다.

꿈을 향해 나아가자

부모님들께서 이 책을 읽으시고, 자녀 교육을 위해 힘쓰시는 이유는 무엇이신가요? 아마 최종 목표는 우리 자녀들이 자신이 원하는 꿈을 이루고 행복한 삶을 사는 것이며, 이를 위해 노력하고 계실 겁니다. 무궁무진한 가능성을 가진 꿈나무들이 어떻게 커갈지 모르기 때문에, 조금이라도 더 가능성을 열어두고 싶으신 것이지요. 결국 학부모님들과 학생, 그리고 교사 모두 함께 힘을 모아 교육하는 이유는 아이들의 행복한 미래를 준비하기 위함이라고 할 수 있겠네요.

자기주도성은 아이들이 성장한 이후에, 원하는 진로를 선택해야 하는 순간에 큰 힘을 발휘합니다. 무수히 많은 갈림길 속에 어떠한 길을 걸어가든 문제를 헤쳐 나가는 방법을 알고, 새로운 길을 만들어 나가는 방법을 알기 때문이지요. 따라서 지금 아이들에게 가르쳐야 할 것은 자기주도 학습 방법, 생활 방법과 더불어 자신의 진로를 개척해 나가는 방법도 포함이 되어야 합니다. 단순히 자기주도적으로 공부만 하는 것이 아니라, 정말 인생 자체를 계획하고 추진하고 수정해 나가는 실천이 필요한 것이니까요.

초등학생들에게 진로 교육이라니, 너무 이른 것이 아니냐고요? 전혀 이른 것이 아닙니다. 앞서 설명드렸지만, 초등학교 창의적 체험활동 교육과정 안에 진로 교육은 이미 포함되어 있습니다. 그래서 학교에서 다양한 진로검사, 진로 캠프, 진로 박람회 프로그램을 운영하는 것이기도 하고요. 진로 교육의 시작은 초등학교부터 시작되어야 하는 것이며, 아직 가치관이 굳어지지 않은 아이들에게 더욱 절실한 것이랍니다.

초등학생의 진로 교육은 조금 단순화하여 생각해야 합니다. 진로 교육의 효과와 관련해서 아이들이 자신에 대한 긍정적인 이해도가 높을수록 자아실현의 완성도가 높다고 합니다. 긍정적 자기이해란 자신이 무엇을 좋아하고, 무엇을 싫어하고, 무엇을 잘하고, 어떠한 능력이 있고, 어떠한 분야에 관심이 있는지 자기 자신에 대해 깨닫는 것입니다. 결국에 자기 자신을 잘 알수록 진로 설계에 성공 확률이 높아지는 것이지요. 다만, 한 가지 염두에 두어야 할 사항은 '긍정적' 자기이해가 중요한 만큼, 자기 자신에 대한 긍정적인 마음이 중요합니다. 스스로 생각하는 자신의 약점이나 콤플렉스를 알아차렸을 때, '나는 안 돼.'가 아니라 '나는 대신 ~한 장점이 있어!'의 방식으로 해석할 수 있어야 합니다. 약점은 약점일 뿐, 약점에 얽매여서는 안 됩니다. 강점을 강화하고, 약점을 변화시킬 수 있는 그런 마인드를 갖는 것이 초등 진로 교육의 핵심인 것입니다.

자기주도적 진로 교육을 위해서는 부모님들께서 많이 도와주셔야 합니다. 아이 스스로 긍정적인 자아 개념을 형성할 수 있도록 많은 대화와 칭찬으로 마음을 움직이게 해 주셔야 합니다. 아이 스스로 자신에 대해 어떻게 생각하는지 이야기를 나누거나, 활동지를 진행해 보거나, 각종 진로적성 심리검사를 받아볼 수 있도록 해 주세요. 그러한 과정이 지난 후에는 다양한 직업 정보를 탐색할 수 있게 안내해 주세요. 자신의 특징을 바탕으로 꿈꾸는 미래를 준비할 수 있게 도와주는 것입니다. 내가 어떠한 사람이 되고 싶은지 핵심 가치를 정하고, 어떠한 일을 하는 사람이 되고 싶은지 결정하게 해 주세요. 그리고 하나씩 직업 정보를 탐색해 보며 자신의 특성과 비교할 수 있도록 해 주세요. 직업 정보를 자녀의 특징과 비교할 때에는 자녀가 가진 강점이 직업인이 되었을 때 어떻게 활용될 수 있는지 고민해 보세요. 그리고 반대로 자녀가 가진 약점이 직업인이 되었을 때 어떠한 문제 상황이 생길 수 있는지 고민해 보세요. 좋은 점을 보기보다 힘든 점을 잘 견뎌낼 수 있을지를 비교해 보세요.

이러한 과정은 한 번만으로는 진로 교육의 효과가 있지 않습니다. 여러 번 반복하고, 다양한 진로 주제로 이야기를 나누어보며 아이 스스로 자신에 대해 이해하고, 자신의 미래를 준비하는 것을 익숙하게 해 줍니다. 자기주도 학습의 기본에서도 스스로에 대한 이해가 중요하듯이, 자기주도 인생에 대해서도 스스로에 대한 이해는 무엇보다 중요합니다. 아이가 자신의 삶의 주인이 될 수 있도록, 미리 준비하여 자신의 삶을 행복하게 살아나갈 수 있도록 도와주세요.

진로 교육과 자기주도성은 깊게 관련되어 있습니다.
자기주도성을 기르는 이유가 결국엔 성공적인 진로 교육을 위해서니까요.
초등학생 진로 교육에 대해 더 알아보고 싶으신 분들께는 추가로 도움이 될 만한 책 한 권과 사이트를 소개해 드립니다.
이 책은 제가 집필한 책으로, 학생들이 자기주도적으로 긍정적 자기이해와 진로 준비를 해 나갈 수 있도록 지도하는 방법을 담았습니다. 부모님들이 쉽게 이해하고 활용하실 수 있으실 겁니다.

초등 진로 교육 도서

초등 진로교육이 스스로 공부하는 아이를 만든다
- 저자 : 이영균
- 출판사 : 황금부엉이
- 가정에서 실시해 볼 수 있는 다양한 활동지와 설명이 수록되어 있습니다.

진로 교육 관련 사이트
- 커리어넷(진로검사, 진로상담) https://www.career.go.kr
- 원격영상 진로멘토링(다양한 직업 탐색) http://mentoring.career.go.kr
- SCEP 창의적 진로개발(진로 교육 프로그램) http://scep.career.go.kr

Part 5

자기주도
온라인 학습

온라인 교육!
앞으로 더 확대된다고요?!

포스트 코로나 시대, 전 세계에는 엄청난 변화가 찾아왔습니다. 그리고 시간이 꽤 흐른 지금도 그 여파는 어마어마합니다. 학생들은 등교와 온라인 수업을 병행하고, 때로는 전격 온라인 수업으로만 진행될 때도 있지요. 몇 년의 시간이 흐른 지금, 적응이 된 것 같지만 사실 무뎌진 것은 아닐까요? 이렇듯 상상하지도 못한 교육의 변화는 우리 아이들과 부모님들의 근심이 엄청 깊어지게 만듭니다. 한편으로는 부모님이 걱정하시는 것만큼 교사들도 무척이나 걱정하고 있답니다. 기존의 온전한 대면 등교가 되지 못해서, 아이들의 기초 학력, 사회성 교육, 인성 교육 등등 결손이 많으면 어떻게 해야 할까 싶어 말이지요. 이러한 시대가 오지 않았으면 좋겠다고 생각될 정도로요. 그런데 혹시 그거 알고 계셨나요? 코로나가 오지 않았더라도, 온라인 수업이 확대될 예정이었다는 사실을요.

교육 현장에서는 전부터 계속 스마트 교육 환경을 구축하기 위해 노력해 왔습니다. 온라인으로 수업을 들을 수 있는 시스템을 만들고, 다양한 교육 콘텐츠를 개발하고 있었죠. 그래서일까요? 교육청 자체에서도 교육 콘텐츠 개발을 위해 교사들에게 유튜브 운영을 권장하였고, 저도 그 대열에 합류하여 '안전한 영양균 선생님' 채널을 운영하게 된 것이지요. 교육부는 원래부터 미래 교육을 위해 각종 원격 수업 플랫폼을 준비하고 있었답니다. 다만, 코로나로 인해 그 시기가 당겨졌을 뿐입니다. 이 외에도 교육부가 한국판 뉴딜정책으로 '그린 스마트 스쿨 사업'을 강조하며 스마트 교육 활성화, 온라인 수업 인프라 형성 등 많은 것들을 꾀하고 있습니다. 앞으로 온라인 수업은 피할 수 없는, 필수불가결한 요소가 될 것입니다. 이해를 돕기 위해 몇 가지 항목에 대해 짧게 설명해 보겠습니다.

2020년부터 온라인 수업, 콘텐츠 수업, 실시간 쌍방향 수업 등 다양한 방식의 수업이 진행되고 있지요? 대면 수업과 온라인 수업을 섞어가며 진행하는 이러한 방식을 전문 용어로 '블렌디드 교육'이라고 합니다. 교사들이 교육과정의 흐름을 분석하여 온라인으로 해도 좋은 수업, 대면 수업 때 하면 좋은 수업과 같이 수업을 재구성하는 것이지요. 앞으로는 이러한 블렌디드 교육이 사라지지 않고 더욱 각광받을 것입니다.

최근에는 교육과정이 또 한 번 개정되면서 2022 미래형 교육과정이 발표되었습니다. 이번 개정에서 가장 크게 대두되는 것은 고교학점제입니다. 고등학생들이 스스로 필요한 수업들로 교육과정을 짤 수 있게 하여 자율성을 부여함으로써 맞춤형 교육과정을 선사하겠다는 취지이지요. 각 학교의 상태나 지역적 차이 등 물리적 한계로 생길 수 있는 문제점을 극복하기 위해 고교학점제 안에서도 온라인을 통한 공동 학점제를 운영하겠다고 하였습니다. 자신이 듣고 싶은 주제의 수업이 있다면 온라인으로 수강하여 고등학교를 졸업할 수 있게 됩니다. 고교학점제는 현재 초등학생인 아이들이 성장하여 고등학생이 되었을 때, 가장 활성화될 시기에 있습니다. 따라서 지금 아이들이 자기주도성에 대한 교육과 사고가 튼튼하게 잡힐수록 고등학생 시기에 빛을 발할 수 있는 확률이 훨씬 높아지는 거지요. 2022 개정 교육과정에서는 이러한 내용 말고도 디지털 기초 소양 강화, 디지털 기반 교수 학습 혁신 등 온라인을 활용하는 교육을 더욱 강조해 나갈 예정입니다.

교육부의 관련 정책 예시

- 2022 미래형 교육과정 : 디지털 기반 교수 학습 혁신 / 디지털 기초 소양 강화
- 2022 고교학점제 : 온라인 공동 학점제
- 온라인 수업 플랫폼 활성화
- 블렌디드 교육
- 2030 미래교육 / 혁신교육 3.0
- 그린 스마트 스쿨
- 디지털 교과서 활성화

온라인 수업이 사실은 학교 수업과 크게 다를 바가 없습니다. 수업 방식이 조금 바뀌고, 발표와 과제 공유 방식이 조금씩 바뀌었을

뿐입니다. 그럼에도 불구하고 이 작은 변화가 아이들의 교육에는 엄청난 변화를 가져다 주었습니다. 온라인 수업의 맹점을 이용해서 수업을 듣지 않거나, 대충 형식적으로 교육을 받는 '척'하는 등의 문제점으로 기초학력이 심하게 결손되기도 합니다. 초등학생들은 자기주도성이 떨어지기에, 학생들이 스스로 자신의 욕구와 행동을 절제하지 못하고 있기 때문이지요. 그래서 애초에 많은 부모님들은 '온라인'과 관련된 자녀 교육 걱정이 큽니다.

'안 그래도 핸드폰, 컴퓨터로 온라인 생활시간이 길어져서 걱정이에요.'

'온라인을 활용한 교육들이 앞으로도 계속 활성화된다는데,
현명한 온라인 생활을 했으면 좋겠어요.'

'온라인 교육에 참여할 때, 우리 아이들 어떻게 하면 좋을까요?
우리 아이 괜찮은가요?'

이번 장에서는 온라인 교육의 효과를 높이기 위한 자기주도 학습에 대해 이야기 나누어보려고 합니다. 온라인 수업을 직접 마주하고, 진행해 본 교사로서 저의 진솔한 이야기를 담아보겠습니다. 그리고 그 과정에서 겪은 시행착오와 교사로서 학부모님께 드리는 요청사항 등에 대해서도 적어볼 예정입니다. 온라인 활용 교육에 대한 이야기, 시작합니다.

안내 말씀

- 앞으로 알려드리는 여러 방법은 자녀가 온라인 수업에 참여하거나, 인터넷 강의 플랫폼을 통해 공부하게 될 때 적극적으로 활용해 주세요.
- 학습과 생활 전면에서 적극적으로 적용하여 아이들의 온라인 자기주도성을 기르게 해 주세요.

온라인 학습,
담임교사의 부탁

학교의 온라인 수업이나 인터넷 강의 등 온라인 교육의 효과를 높이기 위해서는 아이들의 노력뿐만 아니라 부모님의 노력도 필요합니다. 초등학교에 입학하고 학교생활에 적응하는 것에만 몇 년이 걸리는데, 온라인 수업 또한 적응하는 시간과 가르쳐 줄 사람이 필요하기 때문이지요. 또한 담임교사로서 아이들의 온라인 학습을 관리하고 수업을 진행함에 있어서 부모님의 협조가 절실하게 필요했습니다. 자기주도성이 강한 아이들은 혼자서도 공부를 곧잘 했지만, 몇몇 친구들은 어른의 관리가 필요했지요. 참 안타까웠던 사실은, 자기주도성이 떨어지는 아이들이 학교에 나와서 대면 수업을 하면 발표도 잘하고 수업 몰입도도 좋은 편인데, 온라인 수업 때만 유독 부진하였답니다. 시키면 잘하는 스타일이지만, 자기주도성이 부족한 경우일수록 부모님의 직접적인 확인과 관리가 필요한 것입니다.

그렇다면 부모님께서 아이들의 온라인 학습 실태를 어떻게 확인해 볼 수 있을까요? 우리 아이가 수업은 잘 듣고 있는지, 교육 내용은 이해한 것이 맞는지 하나씩 짚고 넘어가야 합니다. 확인 과정은 자녀가 학습의 의무감을 느끼게 해 주는 동시에 부모님의 불안 해소에도 도움이 됩니다. 만약 학교의 수업이 온라인으로 진행될 경우, 담임교사가 부모님들께 부탁드리고 싶은 사항들을 말씀드려 보겠습니다.

1. 온라인 학습 사이트를 꼼꼼히 살펴보기(온라인 수업이 진행될 경우)

학교 현장에서 활용하는 온라인 학습 플랫폼은 e학습터, EBS 온라인 클래스가 대부분입니다. 학생마다 발급된 계정으로 자신의 학급에 들어가면 진도율, 과제, 평가 등 여러 기능을 활용할 수 있지요. 가장 기본적으로 확인해 보셔야 할 것은 진도율입니다. 모든 수업에 대해 이수가 완료되었는지 확인하였다면 추가로 제시된 과제나 평가는 없는지 살펴보셔야 합니다. 사실 진도율에는 평가가 포함되어 있지 않아서, 가끔 아이들이 평가나 문제 풀이와 같은 활동을 뛰어넘는 경우가 있습니다. 따라서 수업, 평가, 과제를 모두 이수하였는지 확인해 보는 것이 기본입니다.

2. 교과서와 배움공책을 꼭 확인해 보세요.

온라인 수업을 할 때에도 교과서는 적극적으로 활용됩니다. 예를 들어 국어 수업을 진행할 때 영상을 잠시 멈추고, '몇 쪽의 몇 번 활동을 하고 오세요.'라고 미션을 제시합니다. 그리고 얼마 시간이 지난 뒤에는 다양한 친구들의 의견을 공유해 주거나, 교사의 생각을 알려주기도 합니다. 이렇게 온라인 수업이 지난 뒤 학교에 나와서 아이들의 교과서를 보면 깔끔합니다. 너무 깔끔해서 놀랄 때도 있습니다. 진도율은 분명히 100%를 확인했는데 말이지요. 따라서 부모님들께서는 아이들의 온라인 학습 실태를 확인하기 위해서는 교과서도 꼭 함께 확인해 주세요. 아이들이 교과서에 수록된 질문들에 모두 답을 했는지, 만약 답을 하지 않은 요소가 있다면 아이가 생각해 본 뒤 넘어갔는지 질문해 주세요.

또한 온라인 수업을 진행하고, 개념을 정리하기 위해 배움공책(이름은 학교마다 다릅니다.)을 활용합니다. 배움공책은 자녀가 얼마나 학습하였고, 얼마나 생각하여 적었는지를 보여주는 단적인 예시가 됩니다. 학교 교과서에는 기본적인 질문이 많이 수록되어 있다면, 배움공책에는 생각을 정리하고 적용해 보는 과제가 많이 기록됩니다. 따라서 자녀가 배움공책을 얼마나 열심히 작성하고 있는지를 확인해 보세요.

3. 알림장은 체크리스트입니다.

온라인 수업이 진행되더라도 알림장은 매일 안내됩니다. 오늘 하루의 수업은 무엇이 있었는지, 어떠한 활동을 해야 하는지, 어떠한 과제와 평가가 제시되었는지 알려주지요. 알림장과 주간학습안내를 살펴보면 오늘 아이가 도달해야 할 목표점이 보입니다. 따라서 부모님께서는 알림장을 보시고 자녀가 직접 체크리스트를 만들 수 있게 지도해 주세요. 그리고 하루하루 빠진 것이 없이 모든 임무를 마무리했는지 확인해 보는 습관을 만들어주세요. 가끔 알림장을 보고 자녀에게 "너 다 했어? 다 챙겼니?"라고 묻고 넘어가시는 부모님들이 계십니다만, 가끔은 합리적인 의심도 해 주세요. 자기주도성을 길러주기 위해 하시는 말씀이 때에 따라서는 방치가 되는 경우가 있답니다.

효과 2배!!
온라인 학습법

앞에서는 온라인 수업을 얼마나 잘 듣고 있나, 부족한 것은 없나 확인해 보는 방법에 대해 알아보았습니다. 이번에는 온라인 학습의 효과를 높이고자, 자기주도적인 온라인 학습이 가능해지기 위해 필요한 습관에 대해서 알려드리려고 합니다. 학교에서 진행하는 온라인 수업 외에도 인터넷 강의, 온라인 학습 관리 업체 등을 활용하는 가정이 많아지고 있습니다. 온라인을 통한 교육 전반과 관련하여 다음 사항을 참고해 보세요. 온라인 교육의 한계를 극복하고 아이 스스로 자기주도적인 학습이 가능하도록 해 주세요.

방법 | 질문 노트 만들기

온라인 수업의 한계점 중 하나는 실시간으로 교사나 강사에게 질문을 할 수 없다는 점입니다. 학교의 수업은 콘텐츠 / 실시간 쌍방향으로 수업이 많이 진행되고, 사설 인터넷 강의 교육 업체들은 콘텐츠 위주의 수업이 많습니다. 따라서 구조상 대면 수업만큼 의사소통이 자유롭지는 않습니다. 온라인 수업을 진행해 보며 느꼈던 아쉬운 점은 바로 아이들의 질문이 줄어들었다는 것입니다. 대면 수업에서는 즉각적으로 대화를 주고받기 때문에 학생이 어느 부분을 이해했고, 어디까지 이해했는지 쉽게 파악할 수 있습니다. 하지만 온라인 수업에서는 아이들이 발언도 하지 않을뿐더러, 다수가 보고 있는 화면에서 질문하기란 쉽지 않음을 느끼지요. 따라서 질문의 부재가 가져오는 교육의 질 하락은 상당합니다.

따라서 온라인으로 교육을 받는 아이들에게 강조하고 싶은 것은 '질문'에 적극적이었으면 좋겠다는 것입니다. 실시간 쌍방향 온라인 수업에서도 질문을 적극적으로 해 주길 바랍니다. 온라인 수업에서 자신이 질문할 때 이목이 집중되는 것이 부담스럽다면 교사 한정 귓속말 채팅 기능을 이용하여 질문을 해 주세요. 교사에게만 보내는 비공개 채팅은 다른 아이들에게 보이지 않고, 교사가 수업의 흐름 속에서 적극적으로 답변해 줄 수 있으므로 질문에 대한 부담을 줄일 수 있습니다. 또는 사설 인터넷 강의를 듣는 경우, 분명 선생님께 질문하는 게시판이 존재할 겁니다. 업체 안에서도 답변 작성을 업무로 하는 직원이 있을 정도니, 질문을 적극적으로 활용하여 온라인 수업의 한계점을 보완해야 합니다.

콘텐츠 중심의 수업에서는 반드시 '질문 노트'를 만들 수 있도록 지도해 주세요. 선생님이 제작한 수업 영상을 보다가 궁금증이 생기면 스스로 인터넷이나 교과서에서 찾아보는 습관을 들이게 해 주세요. 그렇게 했을 때 질문에 대한 답을 찾지 못했다면 질문 노트를 꺼내 질문을 적게 해 주세요. 몇 월 며칠, 어떠한 수업에서 어떠한 내용이 이해가 안 되었는지, 궁금한 점은 무엇인지 적게 하는 겁니다. 그러고 나서 1일 치 온라인 수업이 마무리되었을 때 학급 메신저로 선생님에게 질문하거나, 대면 수업 때 질문 노트를 직접 가져와 질문을 할 수 있게 해 주세요. 사설 인터넷 강의의 경우도 마찬가지로 게시판을 활용해서 질문을 할 수 있게끔 해 주세요. 질문하고 받은 답변을 우선 이해하고, 질문 노트에는 자신의 말로 답변을 적을 수 있도록 해 보세요. 자기주도적 온라인 수업의 효과를 높이기 위해서는 질문하는 습관과 질문 노트가 큰 도움이 될 것입니다.

방법 2 온라인 학습만의 장점을 적극 활용해 보세요.

온라인 수업이 가지는 한계점이 있지만, 반대로 온라인 수업만이 가지는 장점도 분명 있습니다. 학생 개개인이 자신의 학습 속도에 맞추어 수업을 진행할 수 있다는 점, 이해가 되지 않는 부분에 대해서는 반복학습을 할 수 있다는 점, 복습과 예습을 나만의 스타일로 진행할 수 있다는 점 등이 있지요. 그중에서도 가장 두드러지는 장점은 바로 온라인에서 누릴 수 있는 다양한 교수 학습 자료를 활용할 수 있다는 점입니다.

현재 교육부에서도 디지털 교과서 사업을 적극적으로 추진하고 있습니다. 디지털 교과서를 통해 교과서에 수록된 이미지, 동영상을 직접 살펴볼 수 있습니다. 또한 무엇보다 좋은 것은 교육 내용과 관련된 자료를 애플리케이션을 통해 VR(가상현실), AR(증강현실)로 흥미롭게 접할 수 있다는 점입니다. 교과서 책으로만 한정하지 않고, 실감 나는 3D 입체 자료를 직접 살펴보며 공부에 빠져들 수 있게 합니다. 이러한 온라인 학습의 특징은 아이들의 자기주도성을 키워 나만의 개별화 수업이 가능하게 만들어줍니다.

디지털 교과서	실감형 콘텐츠
교과서의 자료와 관련된 사진, 동영상, 인터넷 자료를 클릭만 하면 쉽게 볼 수 있어요.	사진으로 이해하기 힘든 자료는 3D 입체 자료로 구석구석 살펴볼 수 있어요.
디지털교과서 2018 교육 ★★★☆☆ 120	실감형콘텐츠 KERIS 교육 ⓘ ❷ 일부 기기와 호환되는 앱입니다.
인터넷이나 Play store에서 '디지털 교과서'를 검색하세요.	인터넷이나 Play store에서 '실감형 콘텐츠'를 검색하세요.

방법 3 가정에서도 학교처럼 공부하게 해 주세요.

가정에서 생활하는 시간이 길어지고, 어른들도 재택근무를 하는 날들이 많아지면서 홈 오피스에 대한 관심이 뜨거워지고 있습니다. 집에서 일하는 것이 편하긴 하지만, 이곳이 집인지 직장인지 제대로 구분이 되지 않아 일의 효율이 떨어지니, 집 안에 하나의 조그마한 사무실을 만들고 싶은 것이지요. 공간이나 분위기 그리고 개인의 마음가짐을 새로 하여, 여기는 사무실이라고 생각하는 것입니다. 이것과 마찬가지로 우리 아이들에게도 홈 스쿨이 필요합니다. 어른들도 재택근무를 위해 홈 오피스를 꿈꾸는데, 우리 아이들은 집이 얼마나 편하고 유혹적일까요?

따라서 아이들이 온라인 학습을 하는 날이면 부모님께서 분위기를 형성해 주셔야 합니다. 온라인 학습도 엄연히 학교 개학이자, 등교입니다. 따라서 각 가정의 상황에 맞도록 온라인 수업 시간을 정해 주세요. 몇 시에 일어나서 학습을 시작할 것인지 정하고, 그 시간에는 반드시 수업을 들을 수 있게 해 주세요. 수업과 수업 사이에는 쉬는 시간을 정하고, 과제 시간도 확보하여 아이가 스스로 학교 수업다운 공부를 할 수 있게 해 주세요. 온라인 개학 이후 여러 아이들의 말을 들어보면 오전 10시 또는 11시에 일어나도 된다는 생각으로 전날 밤 아주 늦게 자는 경우가 많았습니다. 신체적 성장과 건강 문제뿐만 아니라, 규칙적인 학업과 생활 습관을 위해서라도 반드시 가정에서 학교처럼 공부할 수 있는 분위기와 환경을 만들어주세요.

학원 대신 사설 교육 플랫폼을 통해 강의를 듣게 하는 경우에도 마찬가지입니다. 수업 시간을 규칙적으로 정해 놓고, 학습해야 할 분량과 시간을 정해 주세요. 초등학생의 자기주도성은 학습 동기로 시작하지만, 성실함과 절제력으로 유지되는 것입니다.

학급 담임들은 1학기가 개학한 3월 첫 주에는 반드시 학급 세우기 활동을 합니다. 우리 반에서 중요시 여기는 요소는 무엇이며, 어떠한 학급 규칙을 바탕으로 공부와 생활을 이끌어나갈지 정하는 것이지요. 아이의 머릿속에서 나와 아이의 입으로 공언한 규칙은 스스로에게 책임감을 부여하고 성실한 학교생활을 하는 데 도움을 줍니다.

이와 마찬가지로 온라인 학습을 위해서도 자녀와 함께 토의, 토론 시간을 갖고 온라인 수업 규칙을 만들어보세요. 친구 및 선생님과 의사소통이 힘들고, 교육활동에 한계도 있는 만큼 아이가 직접 적극적으로 나서야 하는 부분이 있습니다. 그런 부분들에 대해 필요성을 인지시키고, 아이 스스로 약속이자 미션을 만들어 매일 달성할 수 있도록 해 주세요. 많은 칭찬과 더불어, 필요한 경우 보상 제도를 두어 온라인 수업에 적극적으로 참여할 수 있도록 해 주세요.

- 실시간 온라인 수업에서 발표 2번 이상 하기
- 온라인 자율학습 두 시간 이상 하기
- 온라인 수업에서 배운 내용과 관련된 인터넷 기사를 찾아서 1일 1독하기

방법 5 사회성에 집중해 주세요.

온라인 수업에서 가장 큰 한계점은 아이들의 사회성을 길러주기 힘들다는 것입니다. 사실 교과 수업을 진행하기 위해서 모둠별 발표

자료를 만들거나 토의·토론 방식의 수업을 자주 진행하는데, 온라인 수업에서는 이러한 과정에 제약이 많기 때문이지요. 따라서 가정에서는 인성 교육, 의사소통 능력, 사회성에 특히 주목해 주세요.

국어 교과서에 발표 단원, 사회 교과서에 지역 내 문제해결 단원, 도덕 교과서에 딜레마 토의·토론 단원 등 여러 내용이 있습니다. 이러한 내용에 대해 온라인 수업을 준비해 본 교사로서, 말로 해야 하는 활동을 비대면 수업에서 글자로 진행하기란 참으로 난해합니다. 마음 같아서는 부모님께서 교육활동에 같이 참여하여 수업을 직접 진행해 주시기를 바랍니다만, 매번 교사가 부탁하기도 쉽지만은 않습니다. 아이들이 자기주도 학습을 통해 학업과 생활은 개선할 수 있지만, 사회성은 혼자서 개선할 수 없습니다. 따라서 부모님들께서는 사회성, 인성 교육, 공동체 의식, 의사소통 역량 등과 같이 상호작용이 필요한 부분에 대해서는 꼭 함께 가정 수업 시간을 가져주시길 부탁드립니다. 매주 수업 계획표를 보고 해당 단원, 내용이 나올 때 학교에서 제공되는 수업 자료를 함께 살펴보고 수업에 참여해 주시면 된답니다.

스마트폰? 인터넷 서핑?
고민 멈춰!

온라인 수업이 길어지면서 아이들은 점점 더 전자기기에 가까워집니다. 인터넷을 서핑하게 되고, 유튜브로 다양한 자료들을 접하게 되지요. 온라인 생활 속에서 폭력적인 장면을 보거나 비교육적인 단어를 익히며 아이들의 습관이 잘못 잡힐까 걱정이 많습니다. 이러한 걱정이 모여 결국 핸드폰과 컴퓨터 사용 시간에 대해 아이들과 마찰이 생기기도 합니다. 온라인 수업이 확대되어 가다 보면, 이러한 현상을 피할 수는 없을 것 같은데, 앞으로 어떻게 해야 할지 고민이 됩니다.

아이들에게 "가장 많이 사용하는 미디어 매체는 무엇이니?"라고 물었더니 대부분 유튜브를 꼽습니다. 유튜브의 성장은 성인들뿐만 아니라 아이들에게도 지대한 영향을 미치고 있지요. 그래서 몇 년

전부터 교육부와 교육청에서는 교사들에게도 유튜브 채널을 운영할 수 있으며, 적극적으로 장려한다는 공문을 내려보낸 적이 있습니다. 그리고 교육청 자체 유튜브 채널도 운영하고 있지요. 아이들을 미디어에서 분리시킬 수 없으니, 그 미디어 자체를 교육적으로 순화시키겠다는 의도일까요? 그래서 현재는 유튜브에서도 현직 교사들을 많이 찾아볼 수 있으며, 저 또한 '안전한 영양균 선생님' 채널을 운영하고 있습니다. 진로 교육, 안전 교육 등 교육 전반의 교육 콘텐츠와 인스타그램을 활용한 상담실을 개방해 두었는데 많은 학생들과 학부모님들이 찾아오셔서 도움을 받아 가시면 무척이나 기쁘답니다.

다시 본론으로 돌아와서, 이렇듯 아이들의 온라인 생활이 길어지고 미디어의 접촉이 많아지는 현대 사회에 우리 부모님들은 미디어 교육도 중요하게 여겨주셔야 합니다. "피할 수 없으면 즐겨라!", "위기를 기회로!"라는 말처럼, 미디어 시대를 피할 수 없으니 아이들이 어떻게 미디어 매체를 교육적으로 활용할 수 있을지 고민해 보셔야 합니다. 따라서 지금부터는 미디어 기기와 매체에 대해 부모님이 갖고 계신 걱정이나 교육적 활용법에 대해 알아보겠습니다. 온라인 학습, 온라인 생활 등 이제는 필수불가결한 스마트 세상! 자녀가 미디어를 마주하게 될 때, 자기주도성을 발휘하여 교육적으로 활용할 수 있도록 해 주세요.

　이전에 6학년 담임교사를 할 때, 한 부모님께서는 자녀의 스마트폰 구입에 대해서 상담을 요청하셨습니다. 다른 친구들은 모두 다 스마트폰이 있는데, 그 친구만 스마트폰이 없으니 부모님께 사달라고 졸랐던 모양입니다. 그 친구는 학업 태도가 무척 바르고 교사에게도 예쁜 친구였는데, 부모님의 교육관에서는 자녀가 중학교를 졸업하면 그때 스마트폰을 사주고 싶으신 모양이었습니다. 이 친구의 부모님 외에도 여러 부모님들께서는 도대체 언제쯤 스마트폰을 사주면 좋을지 조언을 구하러 오셨습니다.

　스마트폰의 사용 실태와 자기주도 학습능력의 상관관계에 대해 분석한 한 연구가 있습니다. 연구 결과를 간단하게 말씀드리자면, 약 3천 명의 학생의 실태를 분석한 결과 스마트폰 구입 시기에 따른 자기주도 학습능력에는 차이가 없었다고 합니다. 다만 스마트폰을 구입하고 나서, 전자기기를 학습의 용도로 인식하는지와 오락의 용도로 인식하는지에 따라 자기주도 학습능력이 유의미하게 달랐다고 합니다. 따라서 본 연구 논문이 시사하는 바는 스마트폰 구입 시기가 자기주도 학습능력과는 크게 관련이 없다는 것, 하지만 스마트기기에 대한 마음가짐이 자기주도 학습능력에 영향을 미친다는 점입니다.

　따라서 부모님께서 자녀의 스마트폰 구입 시기에 대해 고민이 된다면, 구입 시기 자체에는 크게 고민하지 않으셔도 될 것 같습니다. 구입 당시의 마인드 교육이 가장 중요하다는 점만 알아두세요. 스마트 기기가 오락이 아닌, 학습의 용도임을 자녀에게 명확하게 알려주세요. 그리고 아래에서 알려드리는 다양한 방법으로 미디어 기기와 콘텐츠를 교육적으로 활용하는 방법을 익숙하게 만들어주세요.

두 번째 미디어 리터러시를 길러주세요.

온라인 학습이 진행되다 보면 인터넷에서 정보를 찾거나, 다양한 콘텐츠를 활용하도록 안내를 받습니다. 그러다 보니 아이들은 교육적 콘텐츠 외에 오락 콘텐츠들을 접하게 되고 쉽게 빠져버리지요. 오락 콘텐츠를 보는 것 자체는 나쁜 것이 아닙니다만, 아이들이 무분별하게 받아들이는 점이 부정적인 영향을 가져오는 것입니다. 따라서 여러 콘텐츠들의 사용을 막을 것이 아니라, 올바른 방법으로 사용할 수 있도록 미디어 리터러시를 길러주어야 합니다.

미디어 리터러시란 다양한 매체를 받아들여, 그 안에 녹아 있는 의미를 이해하고 분석하며, 비판적으로 사고하여 재해석할 수 있는 능력을 뜻합니다. 다시 말해 미디어를 볼 때 그 안에 포함된 정보들을 가려내고, 필요한 것을 뽑아내어 나만의 것으로 만드는 능력이라고 할 수 있지요. 미디어 리터러시를 기르기 위해서는 다음과 같은 3단계를 반복적으로 연습해야 합니다.

1단계 읽어내기	• 필요한 정보가 무엇인지 생각하기 • 양질의 콘텐츠를 골라내는 연습하기 • 미디어에서 말하는 정보가 무엇인지 읽어내기 • 다양한 전략으로 읽어내기(훑어보기, 건너뛰며 보기, 공통된 콘텐츠들끼리 묶어 보기 등)
2단계 비판적으로 보기	• 나에게 맞는 정보인지 판단하기 • 미디어 제작자의 의도가 무엇인지 생각하기 • 정보의 신뢰성, 표현 방식 비판적으로 보기
3단계 재해석하기	• 정보를 그대로 받아들이는 것이 아니라 나와 연계하여 생각하기 • 추출한 정보를 재활용하기(과제에 사용하기, 실생활에서 따라 해 보기, 스스로 미디어 제작해 보기 등)

미디어를 볼 때 아무런 생각 없이 보는 것이 아닌, 위의 3단계에 유의하여 미디어를 시청하게 해 주세요. 위와 같은 활동을 의식적으로 반복하다 보면, 미디어 기기와 콘텐츠 활용을 학습 목적에 맞게 자연스레 습득하게 됩니다. 또한 미디어 리터러시가 형성되어 가므로 이후 성인이 되었을 때, 광고를 보거나 상품을 고를 때에도 비판적으로 사고할 수 있게 되며 자기주도적으로 미디어를 활용할 수 있게 된답니다.

세 번째 미디어 콘텐츠를 적극적으로 활용해 주세요.

아이들이 유튜브를 본다는 사실 자체만으로 걱정하시는 부모님들이 많습니다. 전 세계에 있는 모든 콘텐츠들을 분석할 수는 없지만, 개인적으로는 유해한 콘텐츠보다 유익한 콘텐츠 수가 더 많을 것 같다고 생각합니다. 다만 아이들이 무수히 많은 콘텐츠에서 유익한 콘텐츠를 가려내지 못하고, 교육적으로 활용하지 못해서 문제가 되는 것이지요. 이미 교사들도 온라인 수업을 제작하여 유튜브에 올리거나, 다양한 수업 과제를 포털 사이트에서 검색해 보라며 안내하고 있으므로 아이들이 미디어를 접하는 사실을 두려워하지 않으셔도 됩니다. 다양한 미디어를 접하고 활용하는 정보 처리 역량은 온라인 수업 이래로 필수적인 능력이 되어버렸으니까요.

따라서 미디어 콘텐츠를 무조건 피하기보다는, 교육적으로 활용하는 법을 익혀야 합니다. 아이 스스로도 비판적으로 사고하여 올바른 콘텐츠를 가려내고 활용하는 능력을 키워주어야 하고요. 실제로 요즘 학교 수업이나 학습 활동을 하려면 미디어 콘텐츠를 검색해야 하는 경우가 많습니다. 이러한 때에 부모님께서 미디어를 검색하고 활용하는 과정을 함께 연습해 주세요. 예를 들어서 함께 어떠한 정보를 찾고자 할 때, 인터넷이나 유튜브를 통해 검색을 함께하는 것입니다. 그 과정에서 보이는 무수한 포스팅 자료, 광고 사진, 섬네일 등을 교육 자료로 삼는 것입니다. 어떠한 것을 선택하였을 때 나에게 더 필요한 자료를 얻을 수 있는지, 어떠한 부분은 잘못되었는지, 어떠한 부분은 허위 또는 과대인지 분석해 보는 겁니다. 이러한 내용은 실제 초등학교 국어과 교육과정에서도 가르치고 있는 요소입니다. 매체를 통해 자료를 습득하고, 선택하고, 분석하고, 활용하는 것은 아이의 역량 발달에도 큰 도움이 됩니다.

더불어 미디어 사이트에 얼마나 유익한 정보들이 있는지 느끼게 해 주고, 자신 스스로 미디어를 활용하고 싶을 때 어떻게 활용하면 좋을지 기준을 정해 보세요. 미디어 활용에 대한 약속 리스트를 만들어도 좋습니다. 다만, 잘못된 방식으로 미디어를 활용했을 때 개인 정보, 저작권, 사이버 폭력 등 여러 큰 문제가 생길 수 있음을 느끼게 해 주세요. 콘텐츠를 활용하는 능력은 앞으로 자기주도 온라인 학습에 큰 영향을 끼칠 수 있음을 알아주시기 바랍니다.

부모님 · 조부모님이
온라인 학습을 도와주는 방법

　　온라인 학습이 확대되고 나서 자기주도 학습력이 약한 아이들은 갈피를 잡지 못하게 됩니다. 집에서 공부를 해야 하는데, 스스로 이끌어나가는 힘이 없기 때문이지요. 그런 아이들의 모습을 보고 부모님은 걱정이 날로 깊어져만 갑니다. 지금 공부를 도와주어야 하는데, 무엇을 어떻게 도와주어야 할지 모르겠고 막연하기 때문이지요. 더군다나 부모님이 학습에 자신이 없으시거나 조부모님께서 아이의 학습을 맡은 경우에는 더더욱 난처함을 느끼시는 것 같습니다. 아이들의 온라인 학습을 어떻게 도와줄 수 있을까요? 쉬우면서도 간단한 방법이 없을까요?

　　부모님이나 조부모님께서 아이들의 온라인 학습을 도와줄 수 있는 방법을 알려드리겠습니다. 그 열쇠는 바로 '네 생각은 어때?' 방법입니다. 질의응답을 하는 것이지요. 온라인 학습의 가장 큰 맹점이자 부족한 포인트가 바로 의사소통 및 생각 공유의 기회가 없다는 점입니다. 학습을 도와주시려는 부모님, 조부모님이 교과서 내용을 잘 모르고 계시더라도 쉽게 실천할 수 있으니 반드시 실행해 보시기 바랍니다. 방법은 우선 자녀가 온라인 수업을 듣게 합니다. 온라인 수업이 끝나고, 수업에서 나오는 학습 내용, 학습 과제가 마무리되고 수업을 끝내는 단계에서 자녀에게 질문해 주시면 됩니다. 오늘 배운 내용에 대한 "네 생각은 어떠니?"라고 말이지요. 다시 말해 질문을 통해 자신이 학습한 내용을 입으로 직접 말해 보는 것입니다. 주제에 따라 대화의 내용과 흐름은 조금씩 달라지겠지만, 핵심은 학습 내용을 타인과 의사소통하며 내면화하는 것이랍니다. 아래의 예시를 보고 질문, 대화의 흐름을 생각해 보시면 쉽습니다.

네 생각은 어때?

- 국어
  - 글의 주제에 대한 나의 감상 말하기
  - 글의 주인공에 대한 나의 판단 말하기

- 수학
  - 수학 개념에 대해 이해한 내용 설명하기
  - 실생활과 얼마나 관련되어 있는지 생각 말하기
  - 얼마나 유용하게 쓰일 수 있는지 설명하기

- 사회
  - 사회 문제에 대한 나의 입장 주장하기
  - 역사 사건에 대한 나의 입장 설명하기
  - 지리 개념에 대한 나의 경험 설명하기

- 과학
  - 과학 개념에 대해 이해한 내용 설명하기
  - 얼마나 신비한지 감상 말하기
  - 실생활에서 과학 요소를 느낀 경험 말하기

- 영어
  - 새로 알게 된 표현 설명하기
  - 한국어와 비슷하거나 다른 점 찾아보기
  - 영어권 문화에 대한 느낌 말하기

- **음악, 미술, 체육**
  - 관련 개념 설명하기
  - 감상 나누기(운동 경기, 무용 공연, 예술 작품, 연주회 등)
  - 예술과 스포츠의 가치에 대해 설명하기
  - 관련 작품 찾아보기

- 실과
  - 우리 집·나의 생활과 관련지어서 설명하기
  - 나의 생활 반성하기

위와 같은 방식으로 자녀가 학습한 개념과 그에 대한 생각을 설명하도록 질문해 주시면 됩니다. 부모님, 조부모님께서는 해당 개념을 모르시더라도 자녀와 교과서를 함께 살펴보고 자녀의 말을 경청하고 격려해 주시기만 하면 됩니다. 이야기를 듣다가 부모님께서 알고 계신 지식이나 경험이 있다면 함께 나누어주셔도 좋고, 이해가 되지 않는 부분이 있다면 역으로 '왜?', '왜 그렇게 생각했는데?'와 같이 꼬리 질문을 계속해도 좋습니다. 오히려 단편적이고 일회적으로 질문하고 답변 받고 끝나는 대화보다는, 꼬리 질문을 통해 아이가 더욱 깊게 사고하는 기회를 주는 것이 훨씬 좋답니다. 매일이 어렵다면 2~3일에 한 번이라도, 그것도 힘들다면 일주일 내용을 몰아 주말에 한 번이라도 꼭 반드시 '네 생각은 어때?' 시간을 가져주세요. 이 단순한 활동은 아이가 자신의 사고에 대한 사고, 즉 '메타인지'를 경험하게 해 줍니다.

혹시 이 과정을 진행하시다가 어려움이 있으시거나, 해결이 되지 않는다면 앞서 말씀드린 질문 노트를 적극적으로 활용할 수 있게 안내해 주시면 됩니다. 그 이후 해결은 담임교사나 사설 인터넷 교육 강사가 도와줄 테니까요. 답을 알려주는 것이 아니라 방법을 알려주는 것이라고 인지한 뒤 진행하시면 보다 편하게 (조)부모님들이 가지시는 부담감을 덜고, 자녀들의 자기주도성을 길러줄 수 있답니다.

Part 6

생활도
자기주도적으로

자기주도 능력이
생활에서도 필요하다고요?!

자기주도성이라고 하면 대부분 학업, 공부에 국한하여 생각하기 쉽습니다. 어떻게 계획을 세워 공부하면 좋은지, 공부 전략에는 무엇이 있는지 고민하고 적용하는 것이 자기주도 학습이기 때문이지요. 하지만 학습 습관을 길들이기 전에 일상의 생활 습관을 바르게 길들이는 것이 중요합니다. 초등학생이라면 더더욱 말이지요. 오죽하면 초등학교 교육과정 교육 목표 문구를 살펴보면 가장 먼저 나오는 것이 '일상생활의 습관'이겠어요? 그만큼 초등교육에서는 자신의 행동을 조절하여 자기주도적인 생활을 할 수 있도록 가르치는 것이 중요하다는 것입니다.

'생활 습관과 학업 습관이 얼마나 관련이 있겠어?'라고 생각하셨다면 큰 오산입니다. 이는 연구 논문에서도 발표되었는데, 자기주도성은 자아존중감, 책임감, 문제해결 능력에 긍정적인 영향을 주며 더 나아가 대인관계(친구, 교사) 능력을 포함한 학교생활 적응에 도움을 준다고 합니다. 자기주도성이 학업과 학교생활에 미치는 영향은 연구 논문이 아닌, 교사 개인의 경험을 통해서도 쉽게 알 수 있습니다. 무조건적으로 일반화할 수는 없지만, 많은 학생들을 지도해 본 결과 자기주도성이 강한 학생들은 준비물 준비, 수업 준비, 청소, 친구 관계가 완벽한 편입니다. 항상 자신의 임무를 다하려고 하고, 생활 태도나 예절이 바르며 무엇보다 전반적인 학업성취력이 매우 우수하였습니다.

정리해 보자면 초등학생 때 자기주도적으로 생활 습관을 조절하고 정립할 수 있는 아이들이 학업 능력, 대인관계 능력 모두 우수하게 될 확률이 높습니다. 학습도 곧 자신의 사고를 정리하고 행동을 절제하는 과정이니까요. 따라서 학업 습관을 길들이기 전에 유치원 내지는 초등학교 저학년 때부터 반드시 자기주도적으로 생활 습관을 기를 수 있도록 해 주세요. 가정에서 길러주시는 소소한 생활 습관들이 모여서 자신의 삶을 이끌 수 있는 어엿한 아이가 되도록 해 준답니다. 이어서 알려드리는 내용을 읽어보시며 '우리 아이는 어떻게 생활하고 있는가? 앞으로 어떻게 생활하면 좋을까?'를 고민해 보시길 바랍니다.

숙제와 준비물은
스스로 챙겨야 합니다

제가 아이들에게 아무리 말해도 잘 안되는 것이 있습니다. 바로 '알림장 확인'이지요. 하교하기 전에 반드시 알림장을 쓰게 하고, 짝꿍끼리 검사를 하게 하고, 집에 가서 반드시 확인하여 준비물을 챙겨오도록 교육을 하지만 무슨 일인지 다음 날 수업 시간이 되면 난리가 납니다. "선생님, 교과서가 없어요."라고 말하는 아이들도 꼭 한둘씩 있는데, 그런 아이들에게는 "교과서가 없는 게 아니라 못 가져온 것 아닌가요?"라고 되물으면 "네!"라고 씩씩하게 대답하지요. 교사도 사람인지라 이런 경우가 계속 반복되면 마음속에서 가끔 꿀렁할 때가 있습니다. 학교를 오는데 교과서를 안 가져오고, 알림장을 반드시 확인하도록 손가락도 걸어서 보냈지만, 다음 날에도 또 준비물조차 챙기지 않은 저희 반 친구 때문에 속이 많이 상했던 기억이 있지요.

준비물을 잘 챙기는 것은 당연한 일이지만, 자기주도성이 부족한 아이들은 이것도 어려워합니다. 그리고 준비물을 잘 챙기지 못하는 아이들은 자신의 행동이 얼마나 무책임한 것인지 모르기 때문에, 친구 간의 약속, 학급 약속, 부모님과의 약속 등 여러 가지 사항들을 자주 간과하지요. 따라서 아이들에게 책임감을 길러주기 위해서는 준비물 챙기기를 통해 자기주도성을 길러줄 필요가 있답니다. 확실한 것은 학교생활이 우수한 아이들은 정말로 준비물을 잘 챙겨온답니다.

숙제와 준비물 챙기는 법

1. 알림장 꺼내기를 습관화시켜 주세요.

아이들이 숙제나 준비물을 잊어버리는 가장 큰 이유는 집에서 알림장을 드러내지 않기 때문입니다. 학교의 알림장을 집에서 꺼내보지 않으면 아무 의미가 없는데도, 아이들은 '어떻게든 되겠지!?' 하는 마음에 확인조차 하지 않습니다. 따라서 아이들의 생활 패턴을 분석하여 알림장 꺼내는 시간을 아이들과 약속해 보세요. 집에 오자마자, 학원 다녀와서, 잠들기 전 등 어느 시간을 정해서 반드시 알림장을 꺼내보도록 약속해 주세요.

2. 집에서 알림판을 만들어주세요.

알림장을 꺼내더라도 혼자 대충 보고 닫아버리면 의미가 없습니다. 따라서 집에서도 알림장을 '공언'할 수 있게 알림판을 만들어주세요. 앞의 1번과 연관 지어 알림장을 꺼낸 뒤 집에 있는 알림판에 자신이 할 일을 매일 적게 해 주세요. 부모님께서 일일이 관여하지 않으시더라도, 알림판에 적는 것만으로 '내가 책임지고 해야겠구나!'라는 의무감이 생기게 됩니다. 의무감은 자기주도성 신장에 큰 도움이 됩니다.

3. 알림판을 체크리스트처럼 활용해 주세요.

자녀가 매일 자신의 과제와 준비물을 알림판에 적었다면, 하나씩 수행하고 O 표시를 할 수 있게 해 주세요. 잠이 들기 전까지 모든 사항에 O가 그려질 수 있도록 해 주시고, 모든 임무를 완수한 경우에 부모님이 적극적으로 칭찬해 주세요. 알림장을 집에서 꺼내고, 알림판에 쓰며, 하나씩 수행해 가는 과정은 아이 스스로 자신의 행동을 조절하고 관리하는 데 큰 도움이 됩니다.

4. 주기적으로 가방 정리를 할 수 있도록 해 주세요.

학생들이 서류를 제출하지 않을 때, "서류 어디에 있어요?"라고 물어보면 대부분 꾸깃꾸깃한 채로 가방에 박혀 있는 경우가 많습니다. 부모님들께서 보셔야 할 자료들도 가방에 그대로 있는 경우가 많으니, 자녀가 주기적으로 가방을 열어 샅샅이 살펴보고 안에 있는 것들을 꺼내볼 수 있도록 해 주시면 좋습니다. 한 달에 한 번이라도 직접 가방을 세탁하도록 하고, 가방 속에 숨어 있는 물건들이 밖으로 나오게 해 주세요. 그 과정에 부모님께서 함께 확인해 보시고 이야기를 나누어주시면 좋습니다. 단, 자녀 앞에서 부모님이 가방 속을 일방적으로 보거나 검사하는 행동은 지양해 주세요. 자기주도성은 아이 스스로, 아이의 마음에서 우러나오는 것이 중요하므로 무엇이든 자신이 드러낼 수 있도록 해 주세요.

5. 담임 선생님께 반드시 물어보세요.

학부모 상담주간이 되었든, 평소든 크게 상관없습니다. 담임 선생님을 어렵게 생각하지 마시고 반드시 한 번쯤 연락을 드려 물어보는 것이 좋습니다. 우리 아이가 준비물, 교과서를 잘 챙겨 오는지, 숙제는 책임감 있게 하고 있는지, 어떠한 부분이 부족한지 물어보시길 바랍니다. 선생님은 항상 열려 있으니 편하게 연락 주세요.

방 청소를
어떻게 시킬까?

실과 수업 시간에 아이들에게 "여러분들은 가정에서 어떠한 집안 일을 담당하고 있나요?"라고 물으면 대부분이 방 청소와 책상 청소를 꼽습니다. 자신이 사용하는 방과 책상 청소는 당연히 자신이 맡아야 할 일이지만, 몇몇 아이들은 마치 부모님께 큰 기여를 하는 듯이 말하기도 하지요. 하지만 이렇게라도 맡아서 청소하는 아이들은 양호한 편입니다. 절반 이상의 친구들이 집안일은 부모님이 해 주시고 계시며, 그것이 당연하다고 여기기도 하니까요. 따라서 아이들이 자기주도적으로 자신의 공간을 책임지고 청소해야 한다는 의식을 가질 수 있도록 미리미리 지도할 필요가 있습니다.

그렇다면 어떻게 방 청소를 시키면 좋을까요?

아이가 스스로 나서서 책임감을 가지고 방을 관리하게 하려면 어떻게 해야 할까요?

아이 스스로 방 청소를 하게 하자.

1. 방 청소가 중요한 이유에 대해서 이야기 나누기

아이가 필요성을 느끼지 못한다면, 며칠이 걸려서라도 아이의 방 청소를 하지 않고 놔둡니다. 아이 스스로 방 청소가 얼마나 중요한지 몸소 느끼게 해 줍니다.

2. 부모님께서 함께 참여하여 방 청소를 진행하고, 방 청소가 끝난 뒤의 모습을 기억하게 합니다.

아이와 함께 방을 둘러보며 방의 모습을 기억하고, 물건이 어느 자리에 어떻게 있었는지를 퀴즈 형식으로 맞춰보는 것도 좋습니다. 또는 방의 모습을 사진으로 찍어서 벽에 걸어두어도 좋습니다.

3. 약속 정하기

물건을 사용한 뒤 반드시 제자리로 돌려놓기, 며칠에 한 번 쓸고 닦기 등의 행동을 구체적인 약속으로 만들어주세요.

4. 청소 놀이 시간 갖기

청소를 놀이로 인식할 수 있도록 해야 합니다. 따라서 부모님께서 종종 다른 그림 찾기 놀이를 진행해 주세요. 자녀가 청소한 뒤에 부모님께서 어떠한 물건이 다르게 놓여 있는지 찾아보거나, 반대로 부모님이 청소한 뒤 자녀가 어떠한 물건이 다르게 놓여 있는지 찾아보게 합니다. 아이가 청소하는 것에 의무감을 갖되 즐겁게 할 수 있도록 분위기를 만들어주세요.

5. 격려하고 반성하기

칭찬은 고래도 춤추게 한다는 말처럼, 자녀가 실천한 청소에는 항상 칭찬을 해 주세요. 부족한 점이 있더라도 노력한 과정을 우선 인정해 주세요. 그리고 자녀 스스로 어떠한 점이 부족했는지, 앞으로 어떻게 보충하면 좋을지 함께 이야기로 풀어나가세요.

부모님께서 자녀에게 방 청소를 시킬 때에는 힘든 점이 참 많습니다. 청소를 시키는 것 자체가 힘들기도 하고, 한 번에 말을 듣지 않아 힘든 점도 있을 것입니다. 하지만 가장 마음에 들지 않는 것은 바로 청소를 하더라도 청소한 것 같지 않은 방의 상태입니다. '도대체 이것이 청소를 한 것인지 만 것인지 알 수가 없네!'라면서 말이지요. 그래서 결국에 부모님은 '어휴, 이럴 바에는 내가 하고 말지.' 하며 다시 한번 청소를 하기도 합니다.

아이들의 자기주도성을 길러주며 청소를 시킬 때 꼭 지켜주셔야 할 점은 '참는 것'입니다. 아이들이 한 청소는 당연히 마음에 들지 않지요. 어설프고 엉성하고 지저분하기 그지없지요. 하지만 이때, 자기주도성을 길러주기 위해서는 아이들이 노력하는 과정을 인정해 주고 기다려주셔야 합니다. 아이들은 아무것도 모르는 상태에서, 부모님이 보여주시는 모범 예시를 보고 '아, 청소는 이렇게 하는 거구나!'를 깨닫게 된 뒤, 청소의 과정을 두 번이고 세 번이고 반복하며 몸에 익히게 됩니다. 이때, 부족한 점을 지적당하게 되면 청소에 대한 의욕이 사라지는 것은 물론이거니와 아이 스스로 생각하고 판단할 기회조차 사라지게 됩니다. 부족한 점이 있다는 것을 스스로 느끼고, 해결 방법을 스스로 찾아내고, 그것이 얼마나 유용하고 적합한지 몸소 체험하게 해 주셔야 합니다. 시행착오 단계에서는 무조건 부모님 마음에 안 들 수밖에 없습니다. 하지만 그때 하고 싶은 말과 행동이 있으시더라도 꼭 참고, 아이들이 스스로 생각하고 움직일 수 있게 해 주셔야 자기주도성이 길러질 수 있답니다.

용돈은
어떻게 쓰게 하면 좋을까요?

　실제로 고학년 실과 교육과정 속에는 자원을 효율적으로 관리하는 방법에 대해 가르치게끔 되어 있습니다. 여기서 자원이란 시간과 용돈을 이야기하는데, 이 단원에 아이들이 서로 용돈을 얼마나 많이 받는지, 용돈을 어떻게 쓰는지 서로 말하고 싶어서 난리가 나지요. 그런데 아이들이 하는 말을 들어보면 정말 깜짝깜짝 놀란답니다. '저렇게나 많이 받아?!', '돈을 그냥 막 쓰네?!'라는 생각이 머릿속을 맴돌 때가 있는데, 아이들에게 경제 교육을 잘 시켜줘야겠다는 다짐을 하게 되지요.

　부모님들 상담을 하다 보면 가끔, 아이들 용돈을 얼마나 주어야 하는지 물어보십니다. 다른 아이들은 얼마나 받는지, 어느 정도의 빈도로 받는지 알 수 없으니 담임교사에게 물어보시는 것이지요. 대략 일주일에 천 원, 한 달에 만 원, 최대로는 한 달에 5만 원까지 주는 가정도 보았으며, 따로 용돈을 주지 않는 등 여건에 맞는 다양한 케이스가 있었습니다. 하지만 용돈을 주는 것은 각 가정의 상황, 아이의 생활 방식에 따라 다를 수 있으므로 명확한 정답은 없다고 알려드립니다. 다만, 부모님께서 고민해 보셔야 할 것은 용돈을 얼마나 주느냐보다 용돈을 어떻게 쓰게 할 것인가가 중요하다는 말씀을 드립니다.

최근에는 '소비자 교육', '경제 교육' 등 소비에 대한 다양한 교육이 강조되고 있습니다. 돈을 쓰더라도 현명하게 써야 하고, 환경을 생각하고 지구의 미래를 생각하며 써야 한다는 것이지요. 우리 아이들에게도 돈을 얼마 받느냐보다, 돈을 어떻게 쓰느냐에 대해 가르칠 필요가 있습니다. 이왕 용돈을 줄 때 자기주도적인 경제관념도 키워주면 좋지 않을까요? 아이들에게 용돈을 어떻게 쓰게 하면 좋을지 알아보도록 하겠습니다.

자기주도적인 경제관념 기르는 법

1. 용돈은 제한적임을 알려주세요.

아이들이 생각하길, 부모님한테 요청하면 언제든 용돈이 뚝딱 하고 나오는 줄 아는 경우가 있습니다. 자신의 용돈은 한계가 있어도 부모님의 경제 능력은 한계가 없다고 생각하기도 하지요. 따라서 아이들에게 용돈을 줄 때 '한계'가 있음을 알려주세요. 그리고 제한된 용돈 안에서 돈을 소비해야 하며, 소비하기 전에 반드시 필요한 것인지 생각해 보게 해 주세요.

"이번 달 용돈은 OO 원이야. 네가 무엇인가를 사거나 쓸 때 이 안에서 사용해야 해! 그러니까 항상 물건을 사기 전에 정말 필요한 것인지 생각해 보길 바라!"

2. 실패의 경험을 맛보게 해 주세요.

경제관념을 가르쳐 주실 때, 처음에는 정해진 용돈 안에서 마음껏 소비하게 해 주세요. 원하는 대로 소비하는 것이 어떠한 결과를 일으키는지 시행착오를 겪게 해 주세요. 용돈을 더 달라고 하더라도 절대 주지 않고, 스스로의 행동에 책임을 지게 해 주세요. 그리고 다음 용돈이 지급될 때 어떠한 시행착오를 겪었는지, 앞으로 어떻게 용돈을 소비하면 좋을지 스스로 다짐할 수 있게 해 주세요.

3. 소비의 우선순위를 정하게 해 주세요.

용돈 계획서를 작성하거나, 용돈 소비 계획을 세울 때 소비 항목을 적고 우선순위를 정하게 해 주세요. 소비 항목에 순위를 달고, 1순위부터 소비를 하되, 나머지 순위에 대해서는 포기하는 용기가 필요함을 알려주세요. 무엇인가를 선택할 때에는 선택과 포기가 공존함을 반드시 느끼게 해 주세요.

4. 용돈의 일부는 반드시 저축하게 해 주세요.

매월 용돈을 받거나, 명절에 용돈을 받을 때 반드시 일부 금액은 저금할 수 있게 해 주세요. 실제로 자녀의 저금통이나 통장을 따로 마련하여 용돈이 쌓여가는 것을 느낄 수 있게 해 줍니다. 자녀 스스로 얼마나 저축할지를 정하고, 자신의 손으로 저축할 수 있게 해 주면 좋습니다. 또한 일정 기간, 일정 금액에 대한 목표를 정하여 도달했을 경우 부모님께서 추가 용돈으로 저축해 주신다면 아이의 의욕은 더욱 상승하겠지요?

5. 가족 행사에 반드시 자녀가 지출할 수 있게 해 주세요.

아이들은 가족 행사 때 부모님이 지출하시는 것을 당연하게 생각합니다. 물론 경제적 능력이 없는 자녀들을 대신해 지출하는 것이 당연하긴 하지요. 하지만 아이들은 때때로 자신이 지출하지 않는 것에 대해 감사함을 느끼지 못하거나, 무자비하게 지출을 늘리곤 합니다. 따라서 아이가 원해서 놀러 갈 때, 가족 여행을 갈 때 등과 같이 큰 가족 행사를 진행하실 때에는 자녀에게 일부 금액을 지출하게 해 보는 것도 좋습니다. 지출과 함께 가족 행사의 책임감을 부여하고 공동체 의식을 느끼게 하여 자기 스스로 경제 자원을 조절해 볼 수 있게 됩니다.

6. 물건을 사줄 때에는 경제 계획서를 받아보세요.

아이들은 가끔 부모님께 원하는 물건을 사달라고 조릅니다. 자신의 용돈도 분명 있을 텐데, 용돈은 아끼지 않고 쓰면서 갖고 싶은 물건을 사달라고 떼를 쓰지요. 이러한 경우 물건을 무조건 사주기보다는, 아이 스스로 경제적으로 계획서를 작성하게 해 보는 것이 좋습니다. 사고자 하는 물건에 대한 가격과 정보 등을 조사하게 하고, 어떠한 가치가 있는지, 자신이 어떠한 방식으로 활용할 수 있는지, 우리 가족에게 주는 장점은 무엇인지를 쓰고 설명하게 해 주세요. 또한 자신이 일부 금액을 부담하고, 부족한 부분에 대해 얼마를 요청할지를 고민하게 해 주세요. 자기주도적으로 경제관념을 길러나가기 위해서는 돈의 소중함과 소비의 중요성을 깨달을 수 있게 해 주어야 합니다.

내가 작성하는 경제 계획서

사고자 하는 물건	자전거
사고 싶은 이유	주말에 친구들과 놀고 싶어서
살 수 있는 곳	집 근처 ○○ 대형마트, ○○○ 자전거점, 인터넷 ○○○ 사이트
가격	I3만 원(I0만 원~I5만 원으로 다양함)
현재 나의 예산	4만 원(설날 용돈 저금)
부모님께 도움을 요청하는 금액	5만 원
예산 활용 계획	용돈 4만 원에 부모님 지원금 5만 원을 더하면 9만 원이 됩니다. 부족한 금액은 저금통에 있는 돈을 세어보고, 이번 달 용돈에서도 저금하여 돈을 모을 것입니다.

구매하였을 때 좋은 점	좋은 점 활용 방법
I. 몸을 움직이며 운동할 수 있습니다. 2. 친구들과 친해질 수 있습니다.	I. 하루에 30분씩 자전거를 타며 운동하는 시간을 지키겠습니다. 2. 친구들뿐만 아니라 가족과도 같이 자전거를 타며 함께하는 시간을 만들겠습니다.

구매하였을 때 걱정되는 점	걱정되는 점 해결 방법
I. 자전거를 타다가 다칠 수 있습니다. 2. 친구들과 지나치게 놀러 다닐 수 있습니다.	I. 보호 장구를 잘 착용하고, 안전 지식을 한 번 더 공부하겠습니다. 2. 친구들과 노는 시간을 정해 약속을 지키려고 노력하겠습니다.

내가 생각하는 물건의 가치와 이유	나의 취미가 될 수 있고, 동시에 운동도 되며 친구 관계도 발전시킬 수 있는 좋은 물건인 것 같습니다. 무엇보다도 가족과 함께할 수 있는 시간을 만들어 우리 가족에게 행복을 준다면 가장 좋을 것 같습니다.
나의 다짐	부모님이 보시기에 다칠 수 있어 걱정이 되시겠지만, 안전 수칙을 공부하고 지키려고 노력해서 자전거의 좋은 점만 활용하겠습니다.
부모님께 요청하는 글	제가 이번에 필요한 물건은 자전거입니다. 자전거를 사기 위해 ~~~한 방법으로 예산을 마련할 계획입니다. 자전거의 ~~~점과 ~~~ 점을 고려해 주세요. 부족한 부분을 말씀해 주시면 깊게 생각하여 해결 방법을 준비하겠습니다. ~~~한 이유로 부모님께 자전거를 사달라고 부탁드립니다.

잠자는 것도
현명하게

　초등학생이 되고, 학년이 올라갈수록 놀다가 늦게 자기를 반복합니다. 일찍 자야 키가 큰다고 아무리 말을 해도, 아이들은 귀담아 듣지 않지요. 푹 자야 키도 잘 크고, 건강해지고, 다음 날 학교 가서도 열심히 공부할 수 있을 텐데 아이들은 그저 밤마다 순간을 즐기기 바쁜 듯합니다. 사실 수면 시간과 수면 관리는 자기주도성과 큰 관련이 있습니다. 아무런 관련이 없어 보이지만, 자기주도의 핵심인 '자기조절'은 수면의 질을 조절하는 역할을 하기 때문이지요.

　실제로 초등학생의 자기조절 능력과 수면의 질의 관계에 대해 조사한 연구 논문이 있습니다. 수면 센터에 다니는 초등학생 60명을 대상으로 연구한 결과, 자기조절 능력의 정도에 따라 수면의 질이 다르게 분석되었다고 합니다. 잠이 들기까지 스스로 자신의 생각과 행동을 조절하는 자기조절 능력이 수면과 성장에 영향을 준다는 것입니다. 잠을 잘 자는 것도 능력이라는 말이 있듯이, 아이들이 자기조절을 통해 깊은 잠을 자는 법도 가르쳐주어야 합니다.

초등학생의 성장에 대해 잠깐 알아보자면, 여아는 초등학교 4학년에서 5학년까지, 남아는 초등학교 6학년부터 중학교 1학년 정도까지를 제2 급속 성장기라고 부르며 사춘기로 2차 성징이 시작되는 때입니다. 초등학생의 권장 수면 시간은 9~11시간이며, 성장호르몬은 밤 10시부터 새벽 2시 사이에 가장 많이 나온다고 알려져 있지요. 따라서 정리해 보자면 밤 9~10시 사이에 잠들어서 아침 7~8시 사이에 일어나는 것이 가장 이상적이라고 할 수 있겠습니다. 이렇게 이상적인 시간에 잠들고, 일어나기 위해서는 먼저 아이 스스로 자신의 생활 습관과 수면 습관을 분석하고 조절할 필요가 있습니다. 수면의 질을 높이기 위해서 자기주도적으로 행동해야 하는 것이지요.

자기주도적으로 수면 습관을 개선하는 법

1. 잠자는 시간 10분 전부터는 잘 준비를 해 주세요.

일정하게 수면 시간을 정해 놓고, 시간이 다가오면 10분 전에는 잘 준비를 해 주세요. 아이가 하고 싶은 것이 있더라도 약속한 시간이 되면 스스로 조절할 수 있게 지도해야 합니다. 하던 행동을 멈추고, 화장실을 다녀오거나 방에 들어가 수면등을 켜고 휴식 분위기를 만드는 것입니다. 만약 유혹을 이기지 못하거나, 부모님께서 허용적인 태도를 보여주신다면 아이는 계속 타협을 할 가능성이 있습니다. 만약 타협을 해야 할 경우에는 수면 시간을 늦추는 것이 아니라, 다음 날 아침에 일어나서 하도록 약속해 주시는 것이 좋습니다.

2. 잠들기 전은 마음이 자라나는 시간입니다.

자기조절 능력을 기르고, 자기주도적으로 잠자리에 들게 하려면 아이가 느끼기에 잠자리가 행복해야 합니다. 따라서 아이의 취향에 따라 잠자리 환경을 마련해 주는 것이 필요합니다. 은은한 수면등은 잠들기 전 긴장 완화에 도움이 되며, 필요에 따라 잔잔한 노래를 틀어도 좋습니다. 자기 전에 깊은 생각에 잠기며 오늘 하루는 어떠했는지, 행복하고 감사한 일을 떠올려보거나, 자신의 부족한 점을 반성해 보는 시간을 갖도록 해 주세요. 이때 아이 혼자 생각에 잠겨도 좋으나, 부모님께서 여건이 된다면 함께 대화를 나누며 포근한 사랑을 표현해 주세요.

3. 부모님께서도 생활 패턴을 조절해 주셔야 합니다.

다이어트를 시작했는데, 가족이 치킨을 시킨다고 하면 어떤 기분이 들까요? 이런 경험 한 번쯤 있으시지요? 자녀가 놀기 위해 더 깨어 있고 싶을 때, 만약 부모님이 TV를 보시고 계신다면 아이는 어떻게 느낄까요? 과연 자기조절을 통해 스스로 잠자리에 드는 습관을 가지려고 노력할까요? 아이들은 자신의 부모를 보고 행동을 배우며, 그것이 정답이라고 생각합니다. 따라서 부모님이 늦게 자는 만큼 자신도 늦게 자야 옳다고 생각하기도 하지요. 따라서 부모님께서는 아이 스스로 잠자리에 들 수 있도록 생활 패턴을 조절해 주셔야 합니다. 개인적인 업무나 휴식을 위해 더 늦게 취침하시더라도, 집 전체가 함께 잠이 든다는 인상을 줄 수 있도록 노력해 주셔야 합니다. "어린이는 일찍 자는 거예요!"라면서 어른이 자지 않는 모습을 보이는 것은, 아이가 스스로의 행동을 조절하고자 하는 동기 자체를 사라지게 만들 수도 있답니다.

초등학생에게 필요한
밥상머리 교육

　교육계에서는 안전한 학교를 만들기 위해 여러 대책을 마련하고 있습니다. 2012년에는 학교폭력 근절을 위해 정부에서 종합 대책을 발표하였는데, 당시 교육과학기술부에서는 '밥상머리 교육'에 박차를 가했습니다. 학교폭력과 밥상머리 교육이 도대체 무슨 관계가 있는지 의문이 드실 것 같습니다. 사실 밥상머리 교육은 초등학생 아이들의 삶 전체를 아우르는 중요한 사안입니다. 이것이 뜬금없게 보이지만 학업, 생활, 인성, 자기주도성까지 다양한 범위에 영향을 주거든요. 이번에는 밥상머리 교육이 무엇인지, 왜 필요한지, 어떻게 해야 할지에 대해서 이야기 나누어보려고 합니다.

　밥상머리 교육이란 가족이 함께 모여서 식사를 하며 대화를 통해 가족 간의 사랑을 확인하고, 인성을 기를 수 있는 것입니다. 밥 먹는 시간을 확보하여 대화를 이어나가는 것이 가장 중요한 핵심이지요. 가족이 함께 밥을 먹는다는 것은 영양균형을 맞출 뿐만 아니라 규칙적인 생활이 가능해지게 하고, 밥을 먹는 행동에서부터 소속감, 정체성과 같은 정서적인 안정감을 획득하기도 합니다. 실제로 미국의 컬럼비아 대학교에서 실시한 연구에 의하면 가족과 식사를 자주 하는 청소년들이 일탈 행동의 비율이 훨씬 낮았다고 밝혀냈지요. 그뿐만 아니라 밥상머리 교육을 통해 아이의 인지 발달에도 긍정적인 영향을 끼친다는 사실이 명확해졌습니다. 식사 시간을 중요하게 여기다 보면 스스로의 행동을 조절할 수 있게 되고, 자신의 생활을 효율적으로 활용하기 위한 자기주도성이 길러질 수 있답니다.

초등학생 밥상머리 교육

1. 아침 식사는 꼭 챙겨주세요.

아침 식사가 자녀의 두뇌 발달과 학업 습관에 좋은 영향을 준다는 것은 익히 알려져 있는 사실입니다. 아침에 흡수하는 탄수화물과 단백질은 뇌의 기능을 도와주어 집중력과 기억력을 향상시킬 수 있기 때문이지요. 실제로 과거 한국에서 실시한 연구를 보면 아침 식사를 매일 한 학생들이 주 2회 미만으로 식사를 한 학생들보다 수능 점수가 19점이나 높았다고 합니다.

2. 아침 식사 시간을 정해 보세요.

1번에서 언급한 대로 아침 식사를 꼭 실시하되, 아침 식사 시간을 정해 보세요. 아침 식사를 챙기기 위해 부모님이 아침마다 일정한 생활 패턴을 갖추게 되는 것을 보고 자녀도 영향을 받게 됩니다. 하루의 시작인 아침을 매일 규칙적으로 맞이하는 것만으로도 학업과 생활 관리에 큰 도움이 됩니다. 따라서 자녀가 정해진 아침 식사 시간을 기준으로 하루의 일정을 파악하고, 시간을 조절하여 사용하는 연습을 할 수 있도록 가르쳐 주세요. 자신의 일정을 파악하고 다음 시간을 예상하여 행동을 조절하는 것은 자기주도성을 기르는 데 큰 도움이 됩니다.

3. 식사는 천천히, 대화는 많이

하버드 대학교에서 아동의 언어 발달과 관련한 실험을 하였는데 그 결과가 놀라웠다고 합니다. 애초에 실험의 초반에는 아이들의 언어 능력은 아이들의 장난감, 부모와의 독서 시간에 큰 영향을 받을 것이라고 생각하였지만, 실제 실험 결과는 가족 식사가 더 큰 영향을 미치고 있었기 때문입니다. 가족이 함께 밥을 먹으며 나누는 대화가 아동의 언어 습득과 언어 구사에 매우 효과적이라는 사실을 밝혀낸 것이지요. 기존 한국의 문화는 밥 먹을 때에 말하지 않는 것이 미덕이었지만, 앞으로는 가족 식사 시간에 많은 대화를 공유하는 것이 더욱 좋겠습니다.

4. 밥상머리 교육은 가르치는 것이 아니라 들어주는 것입니다.

식사를 하며 많은 대화를 하라고 강조하고 있습니다. 하지만 부모님들께서 한 가지 착각하시는 것은 '교육'이기 때문에 부모가 자녀를 가르쳐야만 한다고 생각하시는 것이지요. 하지만 밥상머리 교육을 통해 자녀의 자기주도성을 길러주고 싶으시다면 가르치기보다 들어주셔야 합니다. 아이가 말하는 학업이나 생활 이야기를 듣고, 지도해 주고 싶은 부분이 나타났을 때에는 질문을 하고 생각할 시간을 주세요. 질문을 통해 스스로 자신의 생각을 조절하고 행동을 반성하는 아이가 되도록 말이지요.

- 그때는 왜 그렇게 했어?
- 다른 방법은 없었어?
- 너의 행동에 만족했어?
- 아쉬운 부분은 없었니?
- 다음에도 그런 상황이 생기면 어떻게 하고 싶어?

5. 식사 교육과 학교 교육을 이어보세요.

자기주도 학습에서 가장 중요한 것은 공부가 필요하다고 아이 스스로 느끼는 것입니다. 공부가 필요하다고 느끼기 위해서는 자신이 배우는 내용이 실생활과 깊은 연관이 있다고 느껴야 하지요. 따라서 식사라는 것을 가볍게 여기기보다, 자녀와 함께 교과서도 살펴보고 자료도 찾아보시길 추천드립니다. 특히 고학년 자녀라면 5~6학년 군 실과 교과서에는 다양한 식생활, 식습관 교육이 한 단원 이상 수록되어 있으니 꼭 살펴보세요. 식사의 중요성, 균형 잡힌 식습관, 식사 예절, 위생 안전 등 우리 생활과 연관 지어 학습의 필요성을 느끼게 해 주세요.

체력 좋은 아이들이
학교를 이끈다

어렸을 때부터 많이 들어왔던 말 중에 '엉덩이 힘'이라는 단어가 참 인상 깊었습니다. '엉덩이에 힘이 있나?'라는 의문과 함께 단어가 참 생소했기 때문이지요. 어렸을 때는 잘 몰랐는데 교사가 되어 많은 아이들을 살펴보니 진짜 '엉덩이 힘'이 있다는 것을 느낍니다. 차분히 앉아 자신이 해야 할 일을 수행하는 것, 그 과정에서 자신의 생각과 욕구를 억제하고 조절하는 힘이 바로 엉덩이 힘이 아닐까 생각해 봅니다. 이뿐만 아니라 엉덩이도 우리 몸의 일부이기에, 큰 맥락에서는 우리 몸의 힘, '체력'이 학업에 얼마나 큰 영향을 미치는지 깨달았습니다.

학교에서 이루어지는 다양한 교육 프로그램, 학교 수업, 자치 활동들을 살펴보면 유독 눈에 띄는 아이들이 있습니다. 처음에는 '공부를 좋아하거나 잘하는 아이들이 학교생활에 더 열심일 거야!'라고 생각했지만, 그것은 저의 큰 착각이었습니다. 그런 아이들의 공통점이 무엇일까 고민을 해 본 결과, '체력'이 좋은 아이들이 학교를 이끌어 나가는 것이었습니다. 매년 만나는 학생들 중 체력이 좋은 아이들은 자신이 하고자 하는 영역에서는 확실하게 두각을 나타내고 있던 것이었죠. 공부라면 공부, 협동이면 협동, 교우관계면 교우관계, 자신이 좋아하는 부분을 확실하게 강점으로 인지하고 있었지요. 그러한 덕분인지 체력이 좋은 아이들은 항상 학교생활에 자신이 넘쳤고, 학교생활 전반적으로 우수한 평가를 받고 있었습니다.

그만큼 아이들에게 체력은 중요합니다. 체력이 좋아야 의욕이 생기는 것입니다. 체력을 기르지 않아 무기력한 학생들은 학교에서도 항상 무기력합니다. 더 나아가서 체력을 기르지 않는 학생들은 운동 자체를 싫어하다 보니, 매년 학교에서 실시하는 학생건강체력평가제도(팝스, PAPS : Physical Activity Promotion System)에서 부진 항목에 걸려 재시험을 보게 되지요. 소아비만의 경우에는 아이의 학업성취도, 가치관과 자신감, 자아존중감에 큰 영향을 끼친다는 연구 결과가 있습니다. 따라서 인생 전체를 바라보았을 때 성인 비만보다 소아비만이 위험할 수 있다는 것이지요. 그러므로 초등학생 시기에 학교생활과 자신의 삶을 주도적으로 이끌어나가기 위해서는 반드시 튼튼한 체력을 기를 수 있도록 해야 합니다.

1. 하루에 얼마나 걷고 있는지 확인해 보세요.

아이들이 따로 시간을 내어 운동을 하면 너무 좋지만 그렇지 못한 경우가 많습니다. 학교와 학원, 개인 일정을 소화하기 바쁜데, 심지어 부모님이 이동을 도와주시는 경우에는 자녀의 운동량이 급격하게 줄어듭니다. 따라서 체력을 기르기 위해서는 가장 기본적으로 걸음 수를 확인해 보시기 바랍니다. 최근에는 핸드폰이나 스마트 워치로 쉽게 확인이 가능하니, 하루에 얼마나 움직이는지 바로 알 수 있지요. 대한민국 평균 걸음 수는 하루에 약 6~7천 보 정도 된다고 하네요. 아이들이 만약 하루에 5천 보도 움직이지 않는다면 따로 운동 시간을 확보해야겠지요? 따라서 가까운 거리는 차로 이동시켜 주시기보다 아이 스스로 걸어 다닐 수 있도록 해 주세요. 걷고 뛰는 것이 당연한 것처럼 느끼게 해 주세요. 그리고 가족이 함께 걷는 산책 시간을 주기적으로 갖는다면 더욱 좋겠지요?

2. 밖에서 뛰어노는 것도 학습입니다.

저희 반 아이들의 이야기를 들어보면, 최근 많은 부모님들이 아이들이 놀이터나 밖에서 뛰어노는 것을 못 하게 막는다고 하십니다. 아이들끼리 놀다가 다칠까 봐 걱정하시거나, 놀 시간에 공부하기를 바라시기도 합니다. 하지만 한 가지 알아야 할 것은 뛰어노는 것도 학습이라는 점입니다. 오죽하면 옛날부터 "어린이는 뛰어놀면서 크는 거야."라고 말이 나왔을까요? 아이들이 밖에서 친구들과 함께 뛰어놀면서 의사소통 능력도 기르고, 문제 상황에 부딪히며 비판적 사고능력도 기릅니다. 그리고 무엇보다 몸을 움직이며 건강한 에너지를 발산하게 되지요. 아이들이 노는 것을 단지 노는 것으로만 보지 마시고, 학습의 현장으로 바라보아 주세요.

3. 하루 생활을 점검해 보세요.

체력을 기르기 위해서는 잘 움직이고 잘 먹고 잘 자야 합니다. 이 모든 것들이 균형이 맞아야 체력이 길러지는 것이지요. 우리는 일상생활이 너무 당연하게 느껴져서인지 제대로 균형을 맞추지 못하고 있을 수 있습니다. 따라서 자녀가 하루 동안 얼마나 균형 있는 삶을 살고 있는지 확인해 보세요. 아침, 점심, 저녁을 골고루 잘 먹고 있는지, 하루에 얼마나 운동을 하고 있는지, 수면 시간은 충분한지, 수면의 질은 좋은지 점검해 보시기 바랍니다. 부족한 부분이 발견된다면 대화를 통해 문제가 무엇인지 분석하고 해결해 나가기 위해 노력해야 합니다. 자녀의 겉모습만 보지 마시고, 자녀와 함께 면밀한 분석 시간을 가져보세요.

4. 운동을 즐겨야 합니다.

학교에서도 학교 스포츠 클럽을 운영하여 운동을 습관화시키거나, 학급 동아리 시간을 활용하여 뉴스포츠를 진행해 보며 운동을 즐길 수 있도록 기회를 마련하고 있습니다. 아이들이 친구들과 하는 놀이(술래잡기, 경찰과 도둑 등)는 즐거워하면서 운동은 싫어하는 이유를 이해해야 합니다. 운동을 놀이처럼 즐길 수 있도록 계기를

마련해 주세요. 매일 시간을 정하여 짧게 자주 가족 운동 시간을 가
져도 좋습니다. 가족과 함께 운동할 때, 단순한 줄넘기보다는 뉴스
포츠를 찾아보고 시도해 보세요. 또는 최근 스마트 기기나 신체 운
동 애플리케이션을 활용하여 운동 게임 시간을 갖게 해 주세요. 여
러 가지 방법으로 아이가 운동을 즐길 수 있게 된다면 자기주도적으
로 체력을 기를 수 있게 된답니다.

- 가족이 함께해 볼 수 있는 뉴스포츠를 추천해 드립니다.
- 기구를 저렴하게 구비하거나, 간단하게 따라 만들 수 있는 종목도 많습니다.

빅민턴	스피드민턴	레더볼	플라잉 디스크
핸들러	인디아카	스포츠스태킹	디스크골프
태극유력구	플링고	테니스 리턴볼	리듬 스텝

읽는 것만으로는, 아이는 바뀌지 않습니다

지금까지 자녀의 학업, 생활, 삶 전반을 주제로 하여 '자기주도성'을 어떻게 하면 길러줄 수 있을까 알아보았습니다. 정말 많은 이야기를 했고, 구체적인 방법들도 많았습니다. 제가 감히 예상해 보길, 이 책을 전부 읽으신 부모님이라면 다음과 같이 말씀하실 것 같습니다.

"알겠는데……, 이해는 하겠는데……,
그래서 지금부터 어떻게 해야 하는 거지?"

자기주도성이 중요하다 하여 이 책을 정독했지만, 막상 실천해 보려고 하니 막연하시다고요? 읽는 것보다 중요한 것은 실천해 보는 것! 책을 정독하신 부모님들이 내용을 잘 활용하실 수 있도록 한 가지 방법을 안내해 드리겠습니다. 제가 추천해 드리고 싶은 방법은 이 책의 목차를 체크리스트처럼 활용하는 것입니다. 책은 다양한 범주에서 자기주도성에 관해 이야기하고 있습니다. 다만, 한 번에 모든 것을 시도해 보는 것은 무리이지요. 따라서 부모님께서는 우리 아이가 어떠한 부분이 부족한지를 먼저 생각해 봐야 합니다. 책의 목차를 펴고, 읽었던 기억을 상기하며 각 요소마다 어떠한 핵심이 있었는지 떠올려 보세요. 그리고 내 아이가 각 항목마다 어떠한 정도의 자기주도성을 갖고 있는지 생각해 보세요. 이러한 사고 과정을 거치고 나면, 목차의 소제목 옆에 자리 잡고 있는 네모 박스에 1점부터 5점까지 숫자를 적어나가며 하나씩 하나씩 필요도를 평가해 보세요. "5점 : 매우 필요하다. / 4점 : 비교적 필요하다. / 3점 : 보통이다. / 2점 : 급하지 않다. / 1점 : 필요하지 않다."의 5점 척도를 기준으로 소제목 항목을 평가해 보고 나면 무엇을 먼저 실천해 볼지 우선순위가 파악된답니다. 점수가 높은 소제목을 골라 내용을 다시 파악해 보고, 자녀에게 적용해 보시면 막연하기만 했던 이 책의 실천 과정이 성큼 다가올 것입니다.

우선순위를 고른 뒤에, 본격적으로 활용해 보시고 싶으실 때에는 책의 내용을 다시 살펴보아 주세요. 제가 말씀드린 방법들을 무턱대고 실천해 보시는 겁니다. 모든 내용을 실천하는 것이 어렵다면, 그중 한 가지만이라도 따라 해 보셔도 좋습니다. 처음부터 너무 많은 것들을 욕심내면 교육 효과도 없고, 금방 지치기 마련이거든요. 부모님도 자녀와 함께 하루, 일주일, 한 달을 거치며 꾸준하게 실천해 주세요. 중간중간 부모님이 느끼는 감정이나 기억, 변화 등을 책이나 메모장에 따로 간단하게 적어보세요. 부모님의 기록이 또 하나의 성장 포트폴리오가 되기도 합니다.

교육은 백년지대계라고 하였습니다. 지금 한순간에 무언가 크게 바뀌지 않습니다. 원래 교육은 백 년을 내다보고 하는 것입니다. 부모님의 노력 한 가지가 지금 바로 자녀에게 나타나지 않습니다. 부모님의 노력이 즉각적으로 자녀의 결과로 나오길 바라지 마시고, 아이에게 천천히 스며들 시간을 주세요. 모든 교육은 장기 투자입니다. 가늘고 길게, 꾸준하게 바라보아야 합니다. 오히려 주식보다 안전한 투자 아닌가요? 비록 힘은 들더라도, 꾸준하게 투자하기만 하면 오를 것이 예상되니까요! 부모가 자녀에 대해 가지는 신뢰감과 성실함은 아이의 성장을 더욱 빠르게 촉진한답니다.

이 책의 최종 활용법

❶ 책의 목차로 돌아가서 각 항목을 살펴보기

❷ 우리 아이의 자기주도성을 책 항목과 각각 비교해 보며 우선순위 평가하기
  - 5점 : 매우 필요하다.
  - 4점 : 비교적 필요하다.
  - 3점 : 보통이다.
  - 2점 : 급하지 않다.
  - 1점 : 필요하지 않다.

❸ 우선순위 내용부터 한 가지씩 실천하기
  - 여러 항목 중 한 가지만이라도 제대로 실천하기
  - 실천은 꾸준히 길게 하며, 조급해하지 않기

❹ 실천 과정에서 느낀 기억, 감상, 변화를 부모도 메모해 두기

마무리하며 · 막연한 부모님들을 위하여!

초등학생들을 수백 명씩 만나보면서 느끼는 것이 있습니다. 흔히 속된 말로 부르는 "싹이 보인다."라는 말을 실감하게 되었죠. 여기서 말하는 싹은 좋은 의미로도, 나쁜 의미로도 통합니다. 정말 너무 신기하게도 초등학생인데, 아이들의 미래가 어느 정도는 보이는 것 같습니다. 그 아이들이 진정 미래에 어떠한 삶을 살지 속단할 수는 없지만, 적어도 '이렇게 살아가면 건실한 어른이 되겠구나!'라는 느낌이 옵니다. 모든 교사들은 다 느낄 수 있을 거예요. 우리 부모님들은 가정에서 본인의 자녀만 대하시니, 그 감을 느끼기 어려우시리라 생각합니다.

다수의 아이를 만나는 교사로서, 저는 초등학생 시기에 반드시 자기주도 '싹'을 틔워주시라고 부탁드리고 싶습니다. 생각보다 어린 나이에 아이들은 완성되기 시작합니다. 완전체가 된다기보다, 완성을 위한 기틀이 완성된다는 표현이 더 맞을 것 같네요. 자기주도성을 가진 아이들은 반드시 두드러집니다. 이러한 아이들은 스스로 자신에게 필요한 것이 무엇인지 알고, 어떤 부분을 얼마만큼 행동해야 할지 분석할 수 있으며, 자신의 과거를 되돌아볼 줄 압니다. 이러한 것들이 결국 학교에서의 학업 태도, 생활 태도, 교우관계, 신체 건강, 인사성, 사회를 대하는 태도 등 전반에서 티가 납니다. 정말 신기하지 않나요?

예전에 어떤 학부모님은 자신의 자녀가 중학년인데 구구단을 못해도 괜찮다고 하십니다. 어차피 못해도 살 수 있고, 크면서 자연스레 할 수 있게 되니까 건강하기만을 바란다고 하셨습니다. 물론 틀린 말은 아닙니다. 다만 당시에도 저는 '자기주도성'에 대한 가르침만큼은 꼭 미리 강조해 주시면 좋겠다고 하였습니다. 학습 내용은 금방 따라잡지만, 자기주도성과 같은 정의적 요소는 금방 따라잡을 수 없기 때문입니다. 이미 굳어져 버린 콘크리트는 다시 깨부수고 재조형하기 쉽지 않은 것처럼 말이지요.

OECD도, 대한민국 2022 개정 교육과정도 모두 '학생주도성(Student Agency)'에 집중하고 있습니다. 주도성의 주요 요소 네 가지는 목적의식, 성찰적 태도, 노력과 투자, 책임감입니다. 부디 부모님들께서 제 이야기를 듣고, 이 책을 활용해 보시길 강력하게 바라는 마음입니다. 아이들이 꼭 성공해서 미래 사회의 주역이 되는 것을 바라지 않습니다. 단지 자신의 삶을 누리고, 자신의 꿈을 펼치는 행복한 인간이 되길 바랄 뿐입니다.

마음이 변하면 생각이 바뀌고

생각이 변하면 행동이 바뀌고

행동이 변하면 습관이 바뀌고

습관이 바뀌면 인생이 바뀐다.

자기주도적인 삶을 살고자 마음을 바꾸면 인생이 바뀔 것입니다.

현직 초등 교사 이영균, 김현미 올림

안전한
영양균
선생님

학생 친구들과 부모님들을 위해 **365일**
상담 창구를 열어두었습니다.
유튜브 채널과 SNS를 통해 궁금하거나 걱정되는 것이 있다면
언제든 찾아주세요~!

▶ 유튜브 채널
안전한 영양균 선생님

📷 인스타그램
yygteacher

참고 문헌

참고 자료

- 교육부(2015), 〈초 · 중등학교 교육과정 총론〉.

- 교육부(2015), 〈초 · 중등학교 국어과 교육과정〉.

- 교육부(2015), 〈초 · 중등학교 수학과 교육과정〉.

- 교육부(2015), 〈초 · 중등학교 영어과 교육과정〉.

- 교육부(2021), 〈1. 촌락과 도시의 생활 모습〉, 초등학교 교과서 《사회》 4학년 2학기, 지학사.

- 교육부(2021), 〈7. 우리말을 가꾸어요〉, 초등학교 교과서 《국어(나)》 6학년 1학기, 미래앤.

- 국가평생교육진흥원(2013), 〈자기주도학습을 위한 코칭 가이드〉.

- 김춘경 외 4인(2016), 《상담학 사전》, 학지사.

- 서울특별시교육청(2015), 〈자기주도학습 가이드북 스스로 터득하는 학습 디딤돌〉.

- 한국교육개발원(2010), 〈내 공부의 내비게이션! 자기주도 학습〉.

- 한국교육과정평가원(2011), 〈다양한 학부모를 위한 학습부진 자녀 교육 지침 – 초등〉.

참고 논문

- 권선아 · 이수영(2017), 〈스마트폰 사용이 자기통제력의 매개를 통해 자기주도학습능력에 미치는 영향 : 스마트폰 최초 사용시점에 따른 비교〉, 《정보교육학회논문지》 21-2, 한국정보교육학회.

- 김경은(2012), 〈NIE 경험과 중학생의 자기 주도적 학습능력〉, 《교과교육학연구》 16-3, 이화여자대학교 교과교육연구소.

- 김도남(2003), 〈자기 주도적 국어과 학습 지도 방법 탐색〉, 《청람어문교육》 27, 청람어문교육학회.

- 김서현 · 임혜림 · 정익중(2015), 〈학습의 자기주도성은 학업성취 이외에 대인관계에도 영향을 미치는가?〉, 《청소년복지연구》 17-1, 한국청소년복지학회.

- 김용삼 · 이경화(2017), 〈온라인 자기주도학습 수업이 대학생의 자아개념 증진에 미치는 효과〉, Global Creative Leader : Education & Learning 7-2, 숭실대학교 영재교육연구소.

- 김윤영 · 정현미(2012), 〈자기주도학습 촉진을 위한 교수자 스캐폴딩 가이드라인 개발〉, 《교육과학연구》 43-1, 이화여자대학교 교육과학연구소.

- 목영해(2020), 〈자기주도학습 개념과 신자유주의〉, 《교육사상연구》 34-2, 한국교육사상학회.

- 박선화 · 임해미 · 최지선 · 김성여(2015), 〈초 · 중학생의 수학 자기주도학습 실태 분석〉, 《학습자중심교과교육연구》 15-9, 학습자중심교과교육학회.

- 백기자 · 이지안 · 안상균(2018), 〈자기조절능력과 수면의 질이 초등학생의 키 성장에 미치는 영향〉, 《한국인체미용예술학회지》 19-2, 한국인체미용예술학회.

- 심현(2017), 〈온라인 학습환경에서 멘토의 피드백이 자기조절학습능력, 자기주도학습, 학업성취에 미치는 영향〉, 《열린교육연구》 25-1, 한국열린교육학회.

- 이경미 · 김혜련(2020), 〈초등학교 고학년 학생의 영어 자기주도학습능력 조사 연구〉, 《경인교육대학교 교육연구원 교육논총》 40-3, 경인교육대학교 교육연구원.

- 이현아(2014), 〈가족식사가 자녀의 학교적응에 미치는 영향 – 학부모 인식을 중심으로〉, 《가족자원경영과 정책》 18-3, 한국가족자원경영학회.

- 차경환(2010), 〈실용영어능력 신장을 위한 자기주도적 듣기 · 말하기 교수 – 학습법 연구 : 2010년 정책연구개발사업〉, 교육과학기술부.

- 최경민 · 김경현(2019), 〈자기주도 학습능력 증진을 위한 영화와 글쓰기 활용 PBL 프로그램 개발 및 효과성 검증〉, 《학습자중심교과교육연구》 19-21, 학습자중심교과교육학회.

- 최유선 · 손은령(2017), 〈자기주도학습의 의미 이해를 통한 실천적 방향 탐색〉, 《학습자중심교과교육연구》 17-23, 학습자중심교과교육학회.

- 허은영(2010), 〈창의적 재량활동 자기주도학습 프로그램이 중학생 학업적자기효능감, 학습동기, 학업성취도에 미치는 효과〉, 《교과교육학연구》 14-1, 이화여자대학교 교과교육연구소.

참고 사이트

- BBC CBeebies
  http://www.cbeebies.com

- PBS KIDS
  http://pbskids.org

- Story Place – The Children's Digital Learning Library
  https://www.storyplace.org/

- OECD Learning Compass 2030
  http://www.oecd.org/education/2030-project/

- 한국과학창의재단 창의 · 융합교육(STEAM)
  https://steam.kofac.re.kr

- 세종특별자치시 교육청 블로그
  https://blog.naver.com/sje_go_kr/

좋은 책을 만드는 길
독자님과 함께하겠습니다.

똑똑한 자기주도 학습법

초 판 발 행	2022년 08월 05일 (인쇄 2022년 07월 08일)
발 행 인	박영일
책 임 편 집	이해욱
지 은 이	이영균, 김현미
편 집 진 행	윤진영 · 서선미
표지디자인	권은경
편집디자인	권은경 · 길전홍선
발 행 처	시대인
공 급 처	(주)시대고시기획
출 판 등 록	제 10-1521호
주 소	서울시 마포구 큰우물로 75 [도화동 538 성지 B/D] 9F
전 화	1600-3600
팩 스	02-701-8823
홈 페 이 지	www.sdedu.co.kr
I S B N	979-11-383-2801-2(13590)
정 가	16,000원